职业教育课程改革创新示范精品教材

After Effects
影视特效制作与案例应用
（第2版）

主　编　马堪福　裴春录
副主编　古燕莹　李爱国
参　编　王　鹏　卢　芳
　　　　刘　磊　吉家进

北京理工大学出版社
BEIJING INSTITUTE OF TECHNOLOGY PRESS

版权专有 侵权必究

图书在版编目（CIP）数据

After Effects 影视特效制作与案例应用 / 马堪福，裴春录主编 . -- 2 版 . -- 北京：北京理工大学出版社，2021.10

ISBN 978-7-5763-0485-5

Ⅰ . ①A… Ⅱ . ①马… ②裴… Ⅲ . ①图像处理软件 – 高等职业教育 – 教材 Ⅳ . ①TP391.413

中国版本图书馆 CIP 数据核字（2021）第 203546 号

出版发行 / 北京理工大学出版社有限责任公司	
社　　址 / 北京市海淀区中关村南大街 5 号	
邮　　编 / 100081	
电　　话 /（010）68914775（总编室）	
（010）82562903（教材售后服务热线）	
（010）68944723（其他图书服务热线）	
网　　址 / http://www.bitpress.com.cn	
经　　销 / 全国各地新华书店	
印　　刷 / 定州市新华印刷有限公司	
开　　本 / 889 毫米 ×1194 毫米　1/16	
印　　张 / 11	责任编辑 / 张荣君
字　　数 / 220 千字	文案编辑 / 张荣君
版　　次 / 2021 年 10 月第 2 版　2021 年 10 月第 1 次印刷	责任校对 / 周瑞红
定　　价 / 42.00 元	责任印制 / 边心超

图书出现印装质量问题，请拨打售后服务热线，本社负责调换

After Effects 是 Adobe 公司推出的一款图形视频处理软件，适用于从事设计和视频特效的机构，包括电视台、动画制作公司、个人后期制作工作室以及多媒体工作室。而在新兴的用户群，如网页设计师和图形设计师中，也开始有越来越多的人在使用 After Effects。它属于层类型后期软件。

本书在深入企业调研的基础上，遵循工作过程导向的课改理念，采用项目引领、任务驱动的模式，详细阐述了 AE 的图层、遮罩与轨道蒙版、绘画与形状、文字、色彩校正、抠像、运动跟踪、模糊与锐化以及各种滤镜的内容。全书共有十一个项目，采用由简到难、逐步深入的方式进行讲解，内容全面、结构严谨、结构清晰，而且图文并茂、实例丰富、指导性强。本书为学习者掌握影视特效的专业知识与岗位技能打下坚实的基础，培养学习者良好的职业习惯与职业素养，提升综合职业能力。

与同类教材相比，本书的特点是：

（1）摒弃了传统的以知识传授为主线的知识架构，它以项目为载体，以任务来推动，课程内容与行业接轨，依托具体的工作项目和任务将有关专业课程的内涵逐次展开。

（2）遵循新课改理念，充分体现行动导向的教学指导思想，采用"项目引领—任务驱动"的模式，使学生在学习过程中，不仅学习到专业知识，更了解到企业工作的流程与步骤，体验岗位工作感受。教材力求真正地去体现教师为主导，学生为主体的教学理念，注意培养学生的学习兴趣，并以"成就感"来激发学生的学习潜能。

（3）本书内容难易适中，既符合国家对中等职业教育培养目标的定位，也符合当前中职学生学习与就业的实际状况。

本书适于中等职业学校信息技术类影视特效专业课程，也非常适合作为After Effects初、中级学习者的入门级学习用书和参考用书。

本书的编写得到了企业专家的帮助，在此一并表示感谢。本书在编写过程中，借鉴和参考了同行们相关的研究成果和文献，从中得到了不少教益和启发，在此对各位作者表示衷心的感谢。

由于编写时间仓促，且编者水平有限，书中难免存在错误和不妥之处，敬请广大读者批评指正。

编 者

目录 CONTENTS

After Effects 导航
- 0.1 After Effects 的功能 …………………………… 1
- 0.2 After Effects 的菜单命令 ………………………… 1

初级技能篇

项目一　进度条的制作
- 1.1 项目名称 …………………………… 20
- 1.2 项目要求 …………………………… 20
- 1.3 项目分析 …………………………… 20
- 1.4 项目实施 …………………………… 20
- 1.5 要点提示 …………………………… 26

项目二　荒漠城堡
- 2.1 项目名称 …………………………… 28
- 2.2 项目要求 …………………………… 28
- 2.3 项目分析 …………………………… 28
- 2.4 项目实施 …………………………… 28
- 2.5 要点提示 …………………………… 34

3 项目三　爆炸——抠像

　　3.1　项目名称 ……………………………………………………… 36
　　3.2　项目要求 ……………………………………………………… 36
　　3.3　项目分析 ……………………………………………………… 36
　　3.4　项目实施 ……………………………………………………… 37

4 项目四　水墨画

　　4.1　项目名称 ……………………………………………………… 50
　　4.2　项目要求 ……………………………………………………… 50
　　4.3　项目分析 ……………………………………………………… 50
　　4.4　项目实施 ……………………………………………………… 51
　　4.5　要点提示 ……………………………………………………… 60

5 项目五　穿梭的时光——三维层

　　5.1　项目名称 ……………………………………………………… 62
　　5.2　项目要求 ……………………………………………………… 62
　　5.3　项目分析 ……………………………………………………… 62
　　5.4　项目实施 ……………………………………………………… 63
　　5.5　要点提示 ……………………………………………………… 73

实战演练篇

6 项目六　律动的光线

　　6.1　项目名称 ……………………………………………………… 78
　　6.2　项目要求 ……………………………………………………… 78

6.3 项目分析 …………………………………………… 78

6.4 项目实施 …………………………………………… 79

6.5 要点提示 …………………………………………… 88

项目七　文字的破碎

7.1 项目名称 …………………………………………… 90

7.2 项目要求 …………………………………………… 90

7.3 项目分析 …………………………………………… 90

7.4 项目实施 …………………………………………… 91

7.5 要点提示 …………………………………………… 102

项目八　穿越地球

8.1 项目名称 …………………………………………… 104

8.2 项目要求 …………………………………………… 104

8.3 项目分析 …………………………………………… 104

8.4 项目实施 …………………………………………… 105

8.5 要点提示 …………………………………………… 124

项目九　霓虹灯光效闪烁

9.1 项目名称 …………………………………………… 126

9.2 项目要求 …………………………………………… 126

9.3 项目分析 …………………………………………… 126

9.4 项目实施 …………………………………………… 127

9.5 要点提示 …………………………………………… 136

项目十 时间静止——时间映射效果

- 10.1 项目名称 ··· 138
- 10.2 项目要求 ··· 138
- 10.3 项目分析 ··· 138
- 10.4 项目实施 ··· 139
- 10.5 要点提示 ··· 150

项目十一 翻书效果

- 11.1 项目名称 ··· 152
- 11.2 项目要求 ··· 152
- 11.3 项目分析 ··· 152
- 11.4 项目实施 ··· 153
- 11.5 要点提示 ··· 167

After Effects导航

0.1　After Effects的功能

After Effects 简称 AE，是一款用于高端视频特效系统的专业特效合成软件。它借鉴了许多优秀软件的成功之处，将视频特效合成上升到了新的高度。它不仅可以制作简单的影像动画，还可以制作出高端图像的视觉效果。AE 同时保留有 Adobe 软件的优秀的兼容性，可以方便地导入 Photoshop、Illustrator 的层文件和 Premiere 的项目文件，并能完整保留源文件的特性和属性，支持三维空间的运算，增强了摄像机和灯光效果，使工作变得更加快捷。

AE 最突出的特点是用户可以制作单个项目，然后把它输出为各种格式来支持视频、电影、CD-ROM、DVD 或网页中应用的内容。

由于 AE 的合成功能非常强大，因此被广泛应用于影视制作、商业广告、DV 编辑和网络动画以及更多的领域。

0.2　After Effects的菜单命令

1.File 菜单

（1）New（新建）命令。

新建一个项目、文件夹或 Photoshop 图片。包含三个子菜单：New Project（新建项目），快捷键为"Alt + Ctrl + N"；New Folder（新建文件夹），快捷键为"Shift + Alt + Ctrl + N"；New Adobe Photoshop File（新建 Photoshop 文件）。

（2）Open Project（打开项目）。

打开已有的项目。快捷键为"Ctrl + O"。

（3）Open Recent Projects（打开最近项目）。

打开最近访问过的 After Effects 项目。

（4）Browse（浏览）。

打开 Adobe Bridge，从中浏览、管理文件夹和素材。

(5) Browse Template Projects（浏览项目模板）。

打开 Adobe Bridge，从中浏览 After Effects 的项目模板。

(6) Close（关闭）。

关闭当前的窗口、面板等。快捷键为"Ctrl + W"。

(7) Close Project（关闭项目）。

关闭当前的项目。如果当前的项目未保存，将出现对话框提示保存当前项目。

(8) Save（保存）。

保存当前项目。快捷键为"Ctrl + S"。其中当第一次保存项目时会出现对话框提示输入文件名，之后单击"Save"（保存）按钮将不再出现保存对话框。

(9) Save As（另存为）。

将当前项目另外保存一份。快捷键为"Ctrl + Shift + S"。单击"Save As"（另存为）按钮将出现对话框提示输入文件名。

(10) Save a Copy（保存副本）。

将当前项目保存副本。

(11) Increment and Save（增量保存）。

在上次保存项目的基础上递增名称的序号另外保存一份。

(12) Revert（恢复）。

恢复所做的修改到上次保存项目的状态。

(13) Import（导入）命令。

导入项目需要的素材或者合成。包含 7 个子菜单：File（文件，快捷键为"Ctrl + I"）、Multiple Files（多个文件）、Adobe Clip Notes Comments（节目注释）、Capture in Adobe Premiere Pro（通过 Adobe Premiere Pro 捕捉 / 采集素材）、Vanishing Point（灭点文件）、Placeholder（占位符）和 Solid（固态层）。

(14) Import Recent Footage（导入最近素材）。

导入最近访问过的素材。

(15) Export（输出）。

将项目输出为 Adobe Premiere Pro Project、Macromedia Flash（SWF）、3G、Flash Video（FLV）等格式文件。

① 单击"Adobe Premiere Pro Project"，将出现输出对话框，输入文件名后单击"保存"按钮即可输出为 Premiere Pro 的项目。

② 单击"Macromedia Flash（SWF）"，可输出为 SWF 格式的动画。这种格式因为具有占用磁盘空间小、传输速率高等优点，所以在互联网上非常流行。

③ 单击"3G（third Generation）"，可以输出 3G 终端支持的文件格式。3G 是第三

代移动通信的简称,即宽频无线通信技术。其核心技术是 IP 封包(因特网协议)技术,可实时高速获取因特网服务。

④ 单击"Flash Video(FLV)",可以输出为 FLV 文件格式。这种格式兼顾磁盘空间小和流畅的播放效果等优点,现在互联网上很多著名的视频网站都提供了对这种新兴格式的支持,比如在 Google Video 等网站 FLV 文件都相当流行。

(16)Find(查找)。

查找素材。快捷键为"Ctrl + Shift + G"。单击"Find"(查找)命令,将出现查找对话框,输入关键词,单击"OK"按钮,即可搜索项目所有素材,自动找到满足条件的素材并选中。

(17)Find Next(查找下一个)。

查找下一个满足关键词的素材。快捷键为"Ctrl + Alt + G"。与查找命令配合使用,单击"Find Next"(查找下一个)命令,将搜索项目的素材,定位到下一个符合条件的素材,如果到达末尾,将弹出对话框提示。

(18)Add Footage to Comp(添加素材到合成)。

将选中的素材加入当前的合成中。快捷键为"Ctrl + /"。

(19)New Comp from Footage(从选择创建一个合成)。

将选中的素材加入一个新建的合成中。

① 选中一个素材,单击"Add Footage to Comp"(添加素材到合成中)命令,将新建一个合成,然后将选中的素材加入合成中。

② 如果选中多个素材,单击"Add Footage to Comp"(添加素材到合成中)命令,将出现对话框,选择新建一个或者多个合成。

(20)Consolidate All Footage(整理素材)。

整理项目中导入的所有素材。对多个重复导入的素材进行合并,只保留一份备用,精减项目中的文件数量。

(21)Remove Unused Footage(删除未使用素材)。

将项目中尚未在合成中使用的素材删除。使用时会统计给出尚未在合用中使用的素材文件或文件夹数目,并提示删除后可以撤销操作。

(22)Reduce Project(精简项目)。

将项目中未使用的素材(包括素材、合成、文件夹等)删除。首先选择一个合成,然后单击"Reduce Project"(精简项目)命令,将出现提示对话框,自动统计并给出该合成没有直接或间接引用的素材和文件夹数目,单击"确定"按钮可以进行精简删除。

(23)Collect Files(文件打包)。

将项目包含的元件(包括素材、文件夹、项目文件等)放到一个统一的文件夹中。

（24）Watch Folder（监视目录）。

利用网络计算来分担渲染任务，进行监控。安装了无任何限制的渲染引擎后，能够利用网络（多台机器）可用的计算资源自动分担渲染任务，加快进度，可以使用"Watch Folder（监视目录）"命令来观看渲染任务。如果有多个视频和音频文件需要编码/渲染，使用"Watch Folders"命令帮助自动化这个过程。当视频和音频文件不需要裁剪，而且希望它们采用同样的压缩设置和滤镜，Watch Folders 最合适。

（25）Script（脚本）。

在 After Effects 中使用脚本语言编程。主要包含 Run File（运行脚本文件）、Open Editor（打开脚本编辑器）。支持的脚本文件格式后缀为".jsx"。

（26）Create Proxy（创建代理）。

将高精度/分辨率素材或者合成输出为代理素材，方便以后用来给大尺寸、高精度的素材作代理，提高制作效率。

（27）Set Proxy（设置代理）。

在合成中，使用低分辨率的素材或静止图片代替高分辨率的素材，可以明显减少渲染时间，提高工作效率。

（28）Interpret Footage（解释素材）。

导入素材时可能包含 Alpha 通道，对素材的通道等进行设置。

（29）Replace Footage（替换素材）。

用其他文件、占位符等来替换项目中已经导入的素材。子菜单有 File（文件）、With Layered Comp（多层的合成）、Placeholder（占位符）、Solid（固态层）。

（30）Reload Footage（重新载入素材）。

重新载入项目中已经导入的素材。当素材源文件有变动时，可以在 After Effects 中同步更新。单击"Reload Footage"（重新载入素材）命令，会扫描素材源文件，重新载入素材。如果素材源文件没找到，会弹出对话框提示，并以占位符代替。

（31）Reveal in Explorer（在浏览器中预览）。

打开操作系统的浏览器窗口，定位到指定的素材源文件。

（32）Reveal in Bridge（在 Adobe Bridge 中预览）。

打开 Adobe Bridge 窗口，定位到指定的素材源文件。

（33）Project Settings（项目设置）。

对项目进行显示风格、颜色等设置。

（34）Print（打印）。

打印选择的对象。快捷键为"Ctrl + P"。

（35）Exit（退出）。

退出项目。

2.Edit（编辑）菜单

（1）Undo（撤销）。

撤销最近一次操作。快捷键为"Ctrl + Z"。

（2）Redo（重做）。

重做最近一次撤销过的操作。快捷键为"Ctrl + Shift + Z"。

（3）History（历史记录）。

历史操作记录列表，可撤销或者重做，方便快捷地回到历史状态。

（4）Cut（剪切）。

剪切选中的对象。快捷键为"Ctrl + X"。

（5）Copy（复制）。

复制选中的对象到剪贴板。快捷键为"Ctrl + C"。

（6）Copy Expression Only（仅粘贴表达式）。

复制选中的对象的表达式到剪贴板。

（7）Paste（粘贴）。

粘贴剪贴板的对象到当前位置。快捷键为"Ctrl + V"。

（8）Clear（清除）。

将选中的对象删除。

（9）Duplicate（创建副本）。

将选中的对象克隆一份，相当于"复制 + 粘贴"。快捷键为"Ctrl + D"。

（10）Split Layer（分割层）。

将选中的层分割开。快捷键为"Ctrl + Shift + D"。把一个层分割开，分割一个层等于建立两个分离的层，也相当于复制一个层，然后修改出入点，使这两个层首尾前后相接。分割层通常用于为分割开的部分作不同的设置或在层列表中两个分割的层中间加入其他层。分割层包含源层中所有的关键帧，并且不会改变其所在的位置。

（11）Lift Work Area（抽出工作区）。

将素材处于工作区范围内的部分删除掉，并且保留部分素材的时间位置无变化。

（12）Extract Work Area（挤压工作区域）。

将素材处于工作区范围内的部分删除掉，并且保留部分素材的时间位置相应前移，使素材之间没有空隙。"Lift Work Area"（抽出工作区）和"Extract Work Area"（挤压工作区域）这两个命令功能相关，主要用于删除时间线窗口中不需要的部分，可以多个图层同时删除，两个命令操作方法相似。

（13）Select All（全选）。

选中所有的对象。快捷键为"Ctrl + A"。

（14）Deselect All（取消全选）。

取消所有选中的对象。快捷键为"Ctrl + Shift + A"。

（15）Label（标签）。

将选中的对象（素材）打上分类的颜色标签。

（16）Purge（释放缓存）。

释放软件运行时占用的系统内存，清理生成的临时文件。其下级菜单包括 All（全部）、Undo（撤销）、Image Caches（图像缓存）及 Snapshot（快照）。

（17）Edit Original（编辑原稿）。

打开系统中与素材关联的软件对素材进行编辑。对于导入的素材进行修改，往往要借助其他软件，例如音频、视频、图片等文件都有相应功能强大的软件支持，利用这些软件修改素材后，在 After Effects 中素材保持同步更新。

（18）Edit in Adobe Audition（在 Adobe Audition 中编辑）。

可以在 Adobe Audition 中编辑音频文件。

（19）Edit in Adobe Soundbooth（在 Adobe Soundbooth 中编辑）。

可以在 Adobe Soundbooth 中编辑音频文件。

（20）Templates（模板）。

设置渲染模板和输出模板。其下级菜单包括 Render Setting（渲染设置）和 Output Module（输出模板）。

（21）Preferences（偏好设置/首选项）。

对软件的运行环境、界面、输入／输出等进行设置，以利于提高工作效率和增加用户体验。

3.Composition（合成）菜单

（1）New Composition（新建合成）。

为项目新建一个合成。快捷键为"Ctrl + N"。

（2）Composition Settings（合成设置）。

设置合成参数。

（3）Background Color（背景颜色）。

设置合成的背景颜色。新建合成默认背景色为黑色，使用"Background Color"（背景颜色）命令，可以更改为其他颜色。

（4）Set Poster Time（设置海报）。

为合成指定某一个时间点的画面作为其在项目窗口的缩略图。合成在项目窗口中可以显示出其缩略图，默认状态是以最前的一帧画面为缩略图，不过有时这一帧不能合理代表这个合成的内容，这时可以重新指定这个合成中任何一个合适的时间点画面作为缩略图。先在合成时间线中移动时间线到显示一个合适画面的时间处，选择"Set Poster

Time"（设置海报）命令即可，这样在项目窗口中选择这个合成，查看其缩略图就会相应更改。

（5）Trim Comp to Work Area（裁剪合成适配工作区）。

以工作区域的长度来裁剪合成的长度。先在合成的时间线中调整工作区长度，然后选择该命令即可对合成的长度进行裁剪，裁剪后的长度和工作区域一致。

（6）Crop Comp to Region of Interest（裁切合成适配自定义区域）。

在合成窗口中绘制一个自定义大小的矩形区域，然后将合成的尺寸裁剪到这个自定义区域的大小。

（7）Add To Render Queue（增加到渲染序列）。

将合成或素材添加到渲染序列窗口中等待渲染。可以将时间线中打开的合成添加到渲染序列窗口中，也可以将项目窗口中被选中的合成或素材添加到渲染序列窗口中。

（8）Add Output Module（添加输出模块）。

为一个输出源设置不同的输出目标模块。在渲染序列窗口中选中一个输出序列，然后每执行一次"Add Output Module"（添加输出模块）命令就添加一个输出目录模块。

（9）Preview（预演）。

对合成时间线中的内容进行渲染以保证能流畅地预演。可以选择使用快捷键：按空格键为从时间指示处开始视频的渲染，按"0"键为在工作区域内进行视音频的渲染，按"."键则为从时间指示处开始音频的渲染。预演时在合成的时间线窗口上方有绿色的线条指示能流畅预演的区域范围。

（10）Save Frame As（单帧存储为）。

将时间线中当前时间指示处的画面存储为单帧的图像文件。包含"File"（文件）和"Photoshop Layers"（Photoshop 图层）两个子菜单。选择"Composition > Save Frame As > File"命令时，可以将当前画面帧先添加到渲染序列窗口中，然后再渲染为单帧的图像文件。选择"Composition>Save Frame As > Photoshop Layers"命令时，弹出一个文件命名对话框直接保存文件。① File（文件），将单帧画面保存为自定义格式的图像文件；② Photoshop Layers（Photoshop 图层），将单帧画面保存为 Photoshop 图层文件。

（11）Make Movie（制作影片）。

将合成添加到渲染序列窗口中制作影片。

可以将时间线中或项目窗口中的合成添加到渲染序列窗口中，等待制作成最终的影片。当项目窗口处于激活状态时，将添加项目窗口中所选中的合成到渲染序列窗口；当时间线窗口处于激活状态时，将添加时间线窗口中所打开的合成到渲染序列窗口。

（12）Pre-render（预先渲染）。

对嵌套在其他合成中的合成进行预先渲染。当一个合成嵌套在其他合成中，对其进行预先渲染后，其他合成中的这个合成自动被替换为渲染后的文件而保留其设置属性不变，这样在预览或渲染操作中将提高制作效果。在进行预先渲染时，将这个合成添加到渲染序列窗口中，如果需要可以对其渲染设置进行更改。

（13）Save RAM Preview（存储内存预演）。

将预演时存储在内存中的临时文件存储下来。在计算量大的合成制作时，预演效果需要有一段时间的渲染过程，渲染完成后就可以流畅地进行预演，当需要把这个经过一段时间才渲染好的结果保留下来时，就可以使用这个命令。在使用"Save RAM Preview"（存储内存预演）时，如果之前没有进行预演的渲染过程，会自动先进行预演的渲染，然后再进行文件存储。

（14）Comp Flowchart View（观察合成流程图）。

观察合成的结构和流程情况。使合成与图层之间的关系更清楚地在一个平面中展示出来，是分析合成制作的一个好途径。观察合成流程图时，也可以先打开一个合成，使其显示在合成窗口中。

4.Layer（层）菜单

（1）New（新建）。

在合成的时间线窗口中新建多种类型的层。包含 Text（文字）、Solid（固态层）、Light（灯光）、Camera（摄像机）、Null Object（空物体）、Adjustment Layer（调节层）及 Adobe Photoshop File（Adobe Photoshop 文件）几个子菜单。这些层在时间线中建立后，默认以不同的颜色和名称进行区别。

（2）Layer Settings（层设置）。

对所选择的层进行设置修改。① 对于 Solid（固态层）、Light（灯光）、Camera（摄像机）、Null Object（空物体）和 Adjustment Layer（调节层）都可以先将其选中，然后选择菜单"Layer > Layer Settings（层设置）"，对其进行尺寸等参数的修改设置；② Text（文字）层和 Adobe Photoshop File（Adobe Photoshop 文件）层没有 Layer Settings（层设置）的内容；③ Adjustment Layer（调节层）及 Null Object（空物体）的层设置窗口选项都与 Solid（固态层）相似。

（3）Open Layer Window（打开层窗口）。

打开所选择层的窗口。

（4）Open Source Window（打开素材窗口）。

打开所选择的源素材的窗口。

（5）Mask（遮罩）。

对图层建立新的遮罩或对图层的遮罩进行操作。

（6）Mask and Shape Path（遮罩和图形路径）。

对遮罩和图形的路径进行调整设置。其下有 4 个菜单：① RotoBezier（旋转式曲线），设置遮罩的曲线；② Closed（封闭），将遮罩的起始点和结束点封闭起来；③ Set First Vertex（设置起始点），将某个点作为起始点；④ Free Transform Points（自由变换点），变换遮罩或图形路径上的锚点。

（7）Quality（质量）。

对图层使用不同的显示质量，其子菜单包含有 Best（最佳）、Draft（草图）和 Wire（线框）三种质量的显示模式。

（8）Switches（转换开关）。

对时间线中图层的各项属性进行转换开关。

（9）Transform（变换）。

影响图层的位置、旋转、透明度、中心点等参数的设置，包含多个下级菜单。

（10）Time（时间）。

对图层素材的时间进行的相关设置，其下包含4个子菜单：① Enable Time Remapping：启用时间重映像；② Time-Reverse Layer：反转图层的时间；③ Time Stretch：时间伸展；④ Freeze：冻结帧。

（11）Blending（帧融合）。

图像的帧融合在合成软件中应用比较广泛，可以提高运动图像的质量。① Off：关闭；② Mix：帧融合；③ Pixel Motion：像素运动。

（12）3D Layer（3D层）。

将图层转换为三维图层的开关。在时间线中选中图层，然后勾选该命令，这样所选图层就会转换为三维图层。反之，取消勾选则取消图层的三维属性。

（13）Guide Layer（向导层）。

将图层转换为向导层的开关。在时间线中选中图层，然后勾选该命令，这样所选图层就会转换为向导层。反之，取消勾选则取消图层的向导层属性。

（14）Add Marker（添加标记）。

为所选图层添加时间位置标记点。先选择图层，将时间移至合适的位置，然后选择该菜单命令，这样就在图层的时间指示线位置添加一个标记点。也可以同时选择多个图层同时添加多个标记点。Add Marker（添加标记）的快捷键为小键盘的"*"键。

（15）Preserve Transparency（保持透明度）。

切换使图层保持透明属性的开关。在合成中上方图层遮盖住下方有透明区域的图层时，对上方的图层指定 Preserve Transparency（保持透明度）后，会以下方图层不透明的区域显示上方图层的画面效果，也可以在多个图层中使用保持透明度。

（16）Blending Mode（混合模式）。

图层与其下方图层之间的混合显示模式。其下级菜单中包含有多种混合模式，在制作中使用不同的混合模式可以产生不同的效果。

（17）Next Blending Mode（下一混合模式）。

在选择不同的混合模式时，可以用这个命令的快捷键来快速选择使用下一个混合模式。快捷键为"Shift + ="。

（18）Previous Blending Mode（前一混合模式）。

在选择不同的混合模式时，可以用这个命令的快捷键来快速选择使用前一个混合模式。快捷键为"Shift + –"。

（19）Track Matte（轨道蒙版）。

在时间线中可以将上一图层作为当前层的Track Matte（轨道蒙版）。在合成中上下两个相邻的图层中，选中下一个图层，然后选择菜单"Track Matte"（轨道蒙版），可以将其上面图层的图像或影片作为其透明的蒙版。

（20）Layer Styles（图层样式）。

与Photoshop类似，在After Effects中为层设置诸如阴影、外发光、内发光、轮廓等图层样式。

（21）Group Shapes（图形成组）。

在同一Shape（图形）层中的形状组合在一起。

（22）Ungroup Shapes（取消图形成组）。

将合并成组的图形取消合并状态。

（23）Bring Layer to Front（置于顶层）。

将图层在时间线中的图层上下次序的位置移至最顶层。

（24）Bring Layer Forward（上移一层）。

将图层在时间线中的图层上下次序的位置向上移动一层。

（25）Send Layer Backward（下移一层）。

将图层在时间线中的图层上下次序的位置向下移动一层。

（26）Send Layer to Back（置于底层）。

将图层在时间线中的图层上下次序的位置移至最底层。

（27）Adobe Encore（进行与Adobe Encore DVD软件联用的制作）。

使用After Effects制作Encore DVD中的选项菜单。

（28）Convert to Editable Text（转换为可编辑文字）。

将Photoshop文件层中的文字转换为可以编辑的文字。对于在Photoshop分层格式的PSD中保存的文字层，在没有合并或转换为图层的情况下，导入After Effects之后，还可以使用"Convert to Editable Text"（转换为可编辑文字）命令将其转换为可编辑的文字，对其进行修改或其他文字属性的操作。

（29）Create Outlines（创建轮廓）。

将文字层中的文字轮廓创建为遮罩轮廓。After Effects 可以将文本的边框轮廓自动转换为 Mask，先选中文字层，然后选择"Create Outlines"（创建轮廓）命令，这样会产生一个有着文字轮廓遮罩的新的固态层。文字轮廓转化为 Mask 是一个很实用的功能，在转化为 Mask 后可以应用特效，制作更加丰富的效果。

（30）Auto-trace（自动跟踪）。

按图层画面信息自动跟踪并创建遮罩关键帧。After Effects 可以按图层画面的 Alpha 通道、红绿蓝三种颜色的通道或者亮度通道建立 Mask 遮罩，可以建立单帧的遮罩，也可以在工作区范围内进行连续的动态跟踪建立连续的 Mask 动态关键帧遮罩。

（31）Pre-compose（预合成）。

在一个合成时间线中直接创建一个新的合成嵌套在其中。在所打开的一个合成的时间线中，可以选中其中的多个或一个层，然后选择"Pre-compose"（预合成）命令创建出一个新的合成，同时新的合成作为一个层代替原来选中的层。Pre-compose（预合成）操作的快捷键为"Ctrl + Shift + C"，即在第一个合成的时间线中选好图层，然后按"Ctrl + Shift + C"键即可进行预合成。

5. Animation（动画）菜单

（1）Save Animation Preset（保存预设动画）。

将设置好的动画关键帧保存到预设中供下次设置同类的动画时调用。在保存预设动画时，先要在时间线中将要保存的所有动画关键帧全部选择，然后选择"Save Animation Preset"（保存预设动画）命令并保存到"*.ffx"文件中。

（2）Apply Animation Preset（应用预设动画）。

在制作动画时调用已经存在的预设动画。在应用预设动画时，先在时间线中选中目标图层，然后选择"Apply Animation Preset"（应用预设动画）命令，打开选择文件窗口，选择需要的 *.ffx 文件。

（3）Recent Animation Preset（最近预设动画）。

在制作动画时调用最近预设动画的记录。在应用预设动画时，先在时间线中选中目标图层，然后选择"Recent Animation Preset"命令下子菜单中的最近使用的预设动画记录，最多可以显示最近使用过的 20 个预设动画。

（4）Browse Presets（浏览预设动画）。

打开预设动画的文件夹浏览预设动画的效果。选择"Browse Presets"（浏览预设动画）命令可以调用 Adobe Bridge 打开预设动画的文件夹，这样可以很方便地使用 Adobe Bridge 强大的多媒体文件查看功能浏览文件夹内全部的预设动画效果，方便查找和选择。

(5) Add Key (添加显示选项关键帧)。

为图层所选择项的参数添加关键帧。在时间线中选中某一项参数或同时选中某几项参数，然后选择"Add Key"（添加显示选项关键帧）命令，可以为参数项在当前时间指示线的位置添加关键帧。

(6) Toggle Hold Key (冻结关键帧)。

将所选择的关键帧冻结。在时间线中选中一个或多个关键帧，然后选择"Toggle Hold Keyframe（冻结关键帧）"命令，可以将关键帧冻结，使其在之后的时间内没遇到新的关键帧之前保持参数不变。

(7) Key Interpolation (关键帧插值)。

对选择的关键帧进行插值调节。在时间线中选中需要进行插值调节的关键帧，选择"Key Interpolation"（关键帧插值）命令，打开"Key Interpolation"设置对话框，从中选择需要的关键帧插值方式。默认的关键帧之间的动画都是线性的动画方式，在很多情况下线性动画都表现得过于生硬，通过适当的插值调节之后，可以使这些关键帧动画变得更加流畅和自然。

(8) Key Velocity (关键帧速率)。

对选择的关键帧进行速率调节。在时间线中选择需要进行速率调节的关键帧，选择"Key Velocity"（关键帧速率）命令，打开"Key Velocity"设置对话框，从中设置需要的关键帧速率。通过关键帧速率的设置，可以调节从一个关键帧到另一个关键帧之间参数变化的快慢，改善动画运动的快慢节奏。

(9) Key Assistant (关键帧助手)。

对选择的关键帧快速应用相关功能。

(10) Animate Text (文本动画)。

为After Effects中文字层添加多种动画参数设置。

(11) Add Text Selector (添加文本选择器)。

为After Effects中文字层添加文本选择器。

(12) Remove All Text Animators (清除所有文本动画)。

将文字层上所有的文本类动画都清除掉。文字层上设置文本动画时，复杂的往往有很多参数，在恢复和删除文本动画项时有时不彻底，这时可以选择"Remove All Text Animators"（清除所有文本动画）命令将文字层恢复到未添加动画设置项时的状态。

(13) Add Expression (添加表达式)。

为图层的参数项添加表达式。在时间线中选中图层的某个参数设置项，然后选择"Add Expression"（添加表达式）命令，可以为这个参数设置项添加一个表达式，在参数设置项的右边会出现一个表达式填写栏，在其中填写需要的表达式。

（14）Track Motion（跟踪运动）。

对视频画面中的某一部分进行动态跟踪。在时间线中选择需要进行画面跟踪的图层，然后选择"Track Motion"（跟踪运动）命令，打开"Track Controls"设置面板，在其中的"Track Motion"部分进行设置和跟踪操作。

（15）Stabilize Motion（稳定运动）。

对不稳定的拍摄画面进行稳定画面的处理。在时间线中选择需要进行画面稳定的图层，然后选择"Stabilize Motion"（稳定运动）命令，打开"Track Controls"设置面板，在其中的"Stabilize Motion"部分进行画面稳定的设置和操作。

（16）Track This Property（跟踪当前属性）。

按当前所选参数的属性进行跟踪操作。在时间线中选择一个图层中的一项参数设置项，例如Position（位置）、Scale（缩放）或Rotation（角度），然后选择"Track This Property"（跟踪当前属性）命令，打开"选择跟踪操作对象选择"对话框，选择跟踪操作的图层，然后进行相应属性的跟踪操作。

（17）Reveal Animating Properties（显示动画属性）。

显示所选图层所设置的动画属性。在时间线中选择设置了动画的图层，然后选择"Reveal Animating Properties"（显示动画属性）命令或者按其快捷键"U"，可以将其所有设置了动画属性的参数项展开显示出来。

（18）Reveal Modified Properties（显示被修改属性）。

显示所选图层的所被修改过的参数项。在时间线中选择设置了动画的图层，然后选择"Reveal Modified Properties"（显示被修改属性）命令或者快速按两次快捷键"U"，可以将其所有修改过的参数项展开显示出来。

6.View（视图）菜单

（1）New Viewer（新视图）。

在合成视图窗口中新建一个视图窗口。

（2）Zoom In（放大）。

将合成视图窗口中显示的图像放大显示。

（3）Zoom Out（缩小）。

将合成视图窗口中显示的图像缩小显示。

（4）Resolution（解析度）。

在合成视图窗口中使用不同尺寸的分辨率来显示图像，其下有从高到低四个等级的显示模式，即Full（最佳）、Half（1/2）、Third（1/3）、Quarter（1/4）和一个自定义的模式Custom（自定义）。

（5）Proof Setup（校对设置）。

对不同色彩空间的显示进行校样设置，其下有两个子菜单，Unmanaged（不可控制）和 Kodak 2383 theater（柯达 2383 剧场）。

（6）Proof Colors（校对颜色）。

对不同色彩空间的显示进行校样颜色的开关。

（7）Show Rulers（显示标尺）。

在合成窗口旁边显示标尺以供参考。选择"Show Rulers"（显示标尺）命令或者按快捷键"Ctrl+R"显示或隐藏合成窗口的标尺显示。在显示有标尺的状态下，可以从标尺上拖出参考线，这些操作如同 Photoshop 中的标尺和参考线。

（8）Hide Guides（隐藏参考线）。

隐藏合成窗口中的参考线。

（9）Snap to Guides（吸附参考线）。

将合成窗口中的参考线设置为吸附参考线。将合成窗口中的参考线设置为吸附参考线之后，在合成窗口中进行对象的操作时会很容易吸附到参考线上，方便对齐和定位。

（10）Lock Guides（锁定参考线）。

将合成窗口中的参考线锁定，使之不被更改。

（11）Clear Guides（清除参考线）。

将合成窗口中的参考线清除。

（12）Show Grid（显示网格）。

在窗口中显示参考网格线。在窗口中显示参考网格与显示参考线的作用相似，这些网格的数量和颜色等在"Edit > Preferences > Grids > Guides"命令打开的设置窗口中进行设置。当显示网格后，原菜单变为"Hide Grid"（隐藏网格）命令，再次选择时将当前合成窗口中的网格隐藏。

（13）Snap to Grid（吸附网格）。

将合成窗口中的参考网格设置为吸附网格。将合成窗口中的参考网格设置为吸附网格之后，在合成窗口中进行对象的操作时会很容易吸附到网格上，方便对齐和定位。

（14）View Options（视图选项）。

打开视图选项设置对话框，进行相应的视图选项设置。当在合成窗口中进行合成制作而需要有相应的参考显示辅助制作时，可以打开视图选项对话框，在其中勾选相应的选项。相反当合成窗口中所显示的信息过多时，会影响对画面效果的观察，这时可以对其中一些显示信息的选项取消勾选。

（15）Hide Layer Controls（隐藏图层控制）。

隐藏层控制的参考显示。当隐藏层控制后，原菜单变为"Show Layer Controls"（显示层控制）命令，再次选择时将当前合成窗口中隐藏的层控制参考线再次显示出来。

（16）Reset 3D View（重置 3D 视图）。

将 3D 视图进行复位操作。

（17）Switch 3D View（切换 3D 视图）。

对 3D 视图进行不同方位摄像机视角的切换，其二级菜单有多种视角的摄像机供选择。

（18）Assign Shortcut to "Active Camera"（分配快捷键到激活摄像机）。

分配快捷键到 Active Camera，其下级菜单为三个可分配的快捷键：① Replace "Front"（替换前视图）以所选摄像机的方位为准，快捷键为 "F10"；② Replace "Custom View 1"（替换自定义视图 1），快捷键为 "F11"；③ Replace "Active Camera"（替换激活摄像机），快捷键为 "F12"。

（19）Switch to Last 3D View（切换到最近的 3D 视图）。

将当前的摄像视图切换到最近一次使用的 3D 视图方位。

（20）Look at Selected Layers（观察选择图层）。

用当前的摄像机以最大化的方式观察所选图层的全貌。选择要观察图像的图层，然后选择 "Look at Selected Layers"（观察选定层）命令，将会用当前的摄像机以最大化的方式观察所选图层的全貌，同时摄像机的位置参数会产生变化来适配画面。

（21）Look at All Layers（观察所有层）。

用当前的摄像机以最大化的方式观察全部图层的全貌。

（22）Go to Time（转到指定时间）。

将时间指示线的位置精确地移动到指定的时间。选择 "Go to Time"（前往指定时间）命令会打开一个到指定时间的对话框，在其中输入时间，单击 "确定" 按钮后会将时间移动到指定的位置。

初级技能篇

项目一

进度条的制作

1.1 项目名称

本项目的原始效果如图 1-1 所示，最终效果如图 1-2 所示。

图 2-1

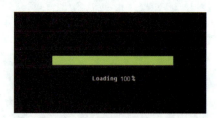

图 2-2

1.2 项目要求

（1）制作 Loading 文字。
（2）制作进度条。
（3）制作带有缓冲效果的文字。

1.3 项目分析

（1）After Effects 的合成设置。
（2）固态层、文字层的应用。
（3）中心点移动工具的应用。
（4）动态文字命令的应用。

1.4 项目实施

（1）单击项目窗口中的"新建合成"图标，快捷键是"Ctrl + N"，如图 1-3 所示。
（2）合成设置，"Preset"选项改为"PAL D1/DV"，"Pixel Aspect Ratio"选项改为"D1/DV PAL（1.09）"，因为一般电视台的视频画面是由每秒 25 帧组成，所以"Frame Rate"值改为"25"，如图 1-4 所示。

图 1-3

图 1-4

鼠标右键单击 Comp 窗口，单击"New>Solid"选项新建一个固态层，如图 1-5 所示。

图 1-5

（3）固态层设置，不用更改任何选项，将固态层颜色改为红色，参数如图 1-6 所示，效果如图 1-7 所示。

图 1-6

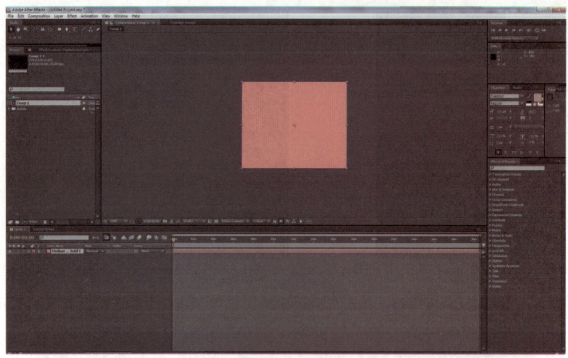

图 1-7

（4）拖动固态层四周的点，改变固态层的形状，并把固态层放在中间偏上的位置，如图 1-8 所示。

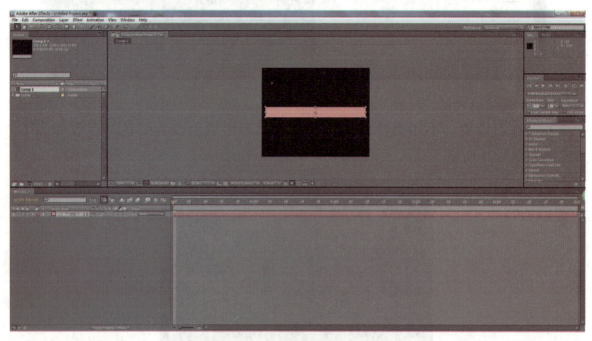

图 1-8

（5）鼠标右键单击 Comp 窗口，单击"New>Text"选项，创建固态文字层，并输入"Loading %"，将中间的数字部分空出来，如图 1-9 和图 1-10 所示。

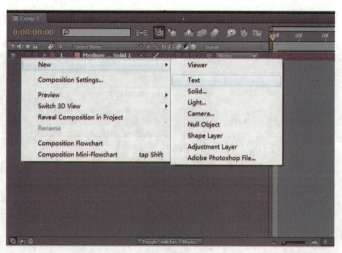

图 1-9

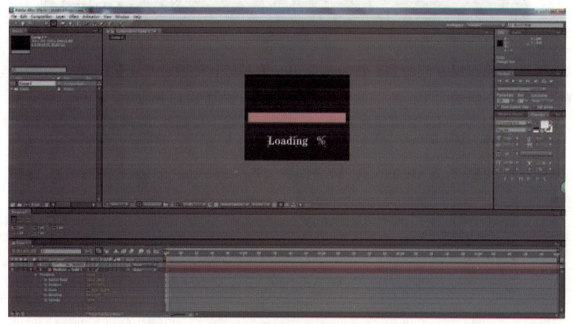

图 1-10

（6）After Effects 界面的"Character"窗口可以更改文字的设置，将文字颜色更改为白色，如图 1-11 所示。

图 1-11

（7）单击 图标将固态层的轴心点移到固态层的最左侧，如图 1-12 所示。

图 1-12

（8）单击固态层左侧的 ，将勾选取消，取消等比缩放，单击 ，然后在时间轴的第 0 秒调整固态层的大小，将缩放数据调为"0"，如图 1-13 所示。

图 1-13

（9）在时间轴的第 5 秒，将固态层的大小调回原大小，如图 1-14 所示。

图 1-14

（10）创建新的固态层，命名为 wenzi，然后单击"Effect>Text>Numbers"命令，创建动态文字，如图 1-15、图 1-16 和图 1-17 所示。

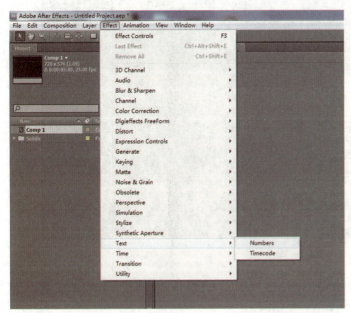

图 1-15

图 1-16

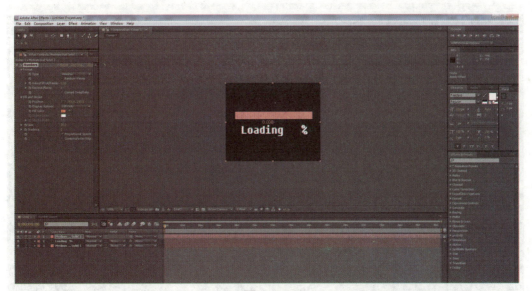

图 1-17

（11）调整文字数值，将文字的小数点位数改为"0"，颜色改为白色，单击，在时间轴的第一帧处输入数值为"0"，最后一帧输入数值为"100"，如图 1-18 和图 1-19 所示。

图 1-18

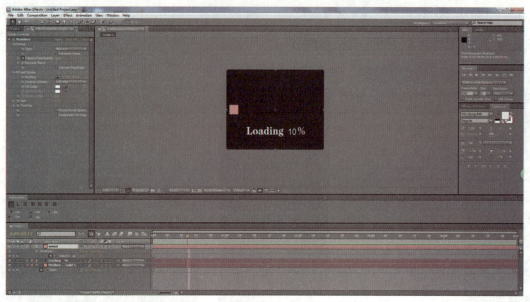

图 1-19

（12）渲染输出，将合成拖入"Render Queue"中，调整保存路径和渲染设置，这里可以不用更改，快捷键是"Ctrl + M"，如图 1-20 所示。

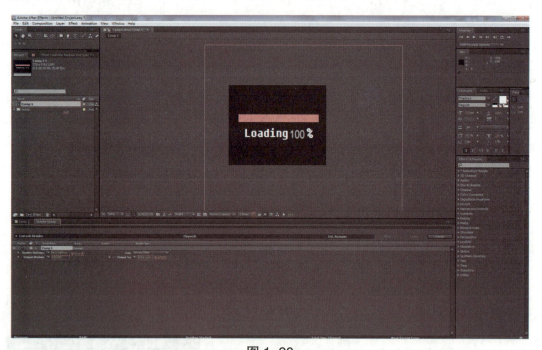

图 1-20

1.5 要点提示

（1）创建的固态文字 Loading 与 % 之间间隙要大；

（2）使用中心点移动工具移动中心点至进度条最左侧，否则进度条的起始位置将发生错误；

（3）调整固态层大小时，取消等比缩放。

项目二

荒漠城堡

[2]

2.1 项目名称

本项目的原始效果如图 2-1 所示,最终效果如图 2-2 所示。

图 2-1

图 2-2

2.2 项目要求

(1)掌握 After Effects 中的跟踪技术。
(2)掌握 After Effects 中的抠像技术。
(3)掌握 After Effects 中的调色技术。

2.3 项目分析

(1)多点跟踪的应用。
(2)分段跟踪技术。
(3)抠像处理的技术。
(4)色相饱和度的应用。

2.4 项目实施

(1)单击"File>Import>File"(文件)命令,弹出"Import File"(导入文件)对话框,在对话框中选择"荒漠城堡.mov"文件,将其导入,如图 2-3 所示。
(2)按快捷键"Ctrl + N"新建合成文件,命名为"荒漠城堡",如图 2-4 所示。

图 2-3

图 2-4

（3）在项目窗口中选择素材"荒漠城堡"，将其拖拽到"Timeline"（时间线）窗口中，如图 2-5 所示。

图 2-5

（4）新建一层"虚拟物体"层，将其命名为"前段"，将"前段"复制，并命名为"后段"，选择素材"荒漠城堡"层，执行"Animation>Track Motion>"（动画>轨迹运动）命令。弹出"Track Motion"（轨迹运动）面板，如图 2-6 所示。

（5）单击"Edit Target"（编辑目标）按钮，打开"Motion Target"（跟踪目标）对话框，如图 2-7 所示，可以指定跟踪传递目标。

图 2-6

图 2-7

(6)单击"Options"(选项)按钮,打开"Motion Tracker Options"(运动跟踪选项)对话框,对跟踪器进行更详细的设置,如图 2-8 所示。

(7)将时间指针调整到时间线的第 1 帧处,单击"Track Motion"(运动跟踪)按钮,对素材"荒漠城堡"运用跟踪。将"Track Motion"(运动跟踪)对话框设置为如图 2-9 所示。

图 2-8

图 2-9

(8)在"Layer"(层)窗口中,将两个方框位置调整到如图 2-10 所示的位置。

图 2-10

(9)单击向前播放按钮▶,进行分析。当时间指针运行到第 86 帧处,按键盘的空格键停止,如图 2-11 所示。

图 2-11

（10）单击"Edit Target"（编辑目标）按钮，将"Motion Target"（跟踪目标）对话框设置为如图 2-12 所示。

图 2-12

（11）单击"Apply"（应用）按钮，弹出"Motion Tracker Apply Options"（运动跟踪应用选项）对话框，参数设置如图 2-13 所示。单击"OK"按钮，"前段"层会自动生成关键帧，如图 2-14 所示，完成跟踪制作。

图 2-13

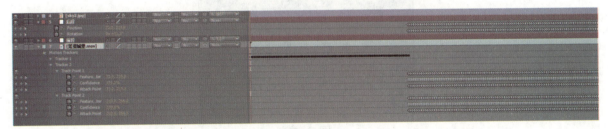

图 2-14

（12）将时间指针移动到第 86 帧处，选择"荒漠城堡"层，再次制作跟踪，操作步骤如图 2-9 所示，区别在于：单击"Edit Target"（编辑目标）按钮，将"Motion Target"（跟踪目标）对话框设置为如图 2-15 所示。

图 2-15

（13）单击"Apply"（应用）按钮，弹出对话框，单击"OK"按钮，"后段"层自动生成关键帧，如图2-16所示。

图 2-16

（14）将时间轴指针拖至第一帧，将前段父子链接给后段，如图2-17所示。

图 2-17

（15）鼠标左键双击项目窗口，以合成形式导入城堡素材，如图2-18所示，导入后拖入"荒漠城堡"合成。

图 2-18

（16）将时间轴指针拖至最后一帧，将城堡合成层父子链接给前段，如图2-19所示。

图 2-19

（17）导入新的天空素材，拖入荒漠城堡合成中，放在城堡合成层的下面，将时间轴指针拖至最后一帧，将新的天空素材父子链接给前段，如图2-20所示。

图 2-20

（18）为新的天空绘制 Mask，稍微给予羽化，为天空层和城堡合成层添加色相饱和度命令，调节至合适颜色，如图 2-21 所示。

图 2-21

（19）创建调节层，添加"Photo Filter"命令，如图 2-22 所示。

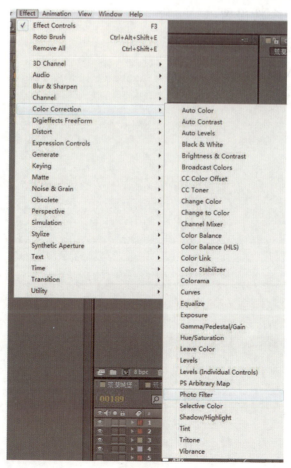

图 2-22

（20）改变像素过滤参数设置，调节整体颜色，最终效果如图 2-23 所示。

图 2-23

2.5 要点提示

（1）注意跟踪点的选择；

（2）跟踪各个按钮的参数设置；

（3）前段与后段跟踪的衔接时间；

（4）城堡素材的导入设置；

（5）注意颜色的调节。

项目三

爆炸——抠像

3.1 项目名称

本项目的原始效果如图 3-1 所示,最终效果如图 3-2 所示。

图 3-1

图 3-2

3.2 项目要求

(1)掌握人物抠像技术。
(2)掌握置换命令的应用。
(3)掌握案例中采用的 AE 时间线窗口中图层属性的知识与技法。
(4)掌握运动模糊命令的应用。
(5)掌握快捷键的使用。

3.3 项目分析

(1)使用"Keylight"抠像比较快捷;
(2)应用"Mask"辅助抠像;
(3)应用"Mask"辅助做气波效果。

在进行特效合成时,往往会遇到将一个对象放到另一个场景中去的情况。当前景需要去掉一部分图像时,一般会选择使用 Alpha 通道来去掉不必要的部分,当前景是静帧时也可以采用绘制遮罩的方式制作蒙版。但是在实际工作中,能够使用 Alpha 通道进行合成的影片相当少,因为胶片是不能带通道信息的。

抠像是一个非常讲究技巧的工作，必须通过大量的练习才能从中选择合适的滤镜对素材进行抠像。同时也要认识到，前期对素材的拍摄对后期的特效制作是非常重要的。它们是一个相辅相成的关系，缺一不可。

通过互联网和教材预习 After Effects 软件有关知识命令的运用，加深对案例中相关操作的理解。

3.4 项目实施

1. 导入素材／建立合成

（1）执行菜单命令"File > Import"，将"explosion""IMG_9400""爆炸素材"等素材文件导入，如图 3-3 所示。

图 3-3

（2）直接拖拽爆炸人物素材拽到合成窗口，如图 3-4 所示，效果如图 3-5 所示。

图 3-4

图 3-5

（3）在项目窗口中选择素材"IMG_9400""爆炸"和"explosion"将其拖拽到 Timeline（时间线）窗口中，如图3-6所示，效果如图3-7所示。

图 3-6

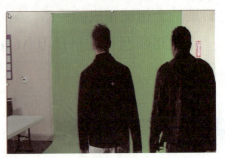

图 3-7

2. 人物抠像

（1）选择"爆炸人物素材"，执行"Effect>Keying> Keylight（1.2）"命令。选中吸管吸取绿布颜色，如图3-8所示，效果如图3-9所示。

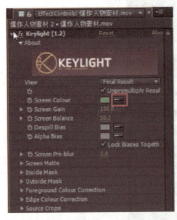

图 3-8

图 3-9

（2）调整"爆炸人物素材"，执行"Keylight（1.2）"命令，调整"Screen Gain"和"Screen Balance"数值，如图3-10所示，其效果如图3-11所示。

图 3-10

图 3-11

（3）打开 Alpha 通道，如图 3-12 所示。

图 3-12

（4）把"爆炸人物素材"下面的所有图层前的"眼睛"显示关掉，如图 3-13 所示，视图窗口效果如图 3-14 所示。

图 3-13

图 3-14

（5）把"爆炸人物素材"图层的第 22 帧拖到时间线的"起始帧"，如图 3-15 所示，视图窗口如图 3-16 所示。

图 3-15

图 3-16

（6）在"爆炸人物素材"图层用 Mask 工具把绿布画出来，如图 3-17 所示，其效果如图 3-18 所示。

图 3-17

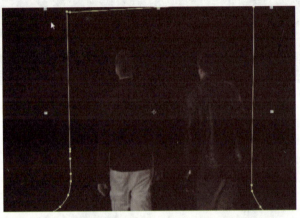

图 3-18

（7）把"爆炸人物素材"图层没有绿布的地方用 Mask 画出来，记录关键帧，如图 3-19 所示，其效果如图 3-20 所示。

图 3-19

图 3-20

（8）给"爆炸人物素材"图层添加"Effect>Blur&Sharpen>Fast Blur"命令，让抠像边缘圆滑，如图 3-21 所示。

图 3-21

3. 调节人物和爆炸素材位置

（1）把"爆炸素材"图层和"IMG_9400"图层前的"眼睛"显示点开，如图 3-22 所示。

图 3-22

（2）把"爆炸素材"图层的叠加方式改为"Add"，如图 3-23 所示，效果如图 3-24 所示。

图 3-23

图 3-24

（3）根据"爆炸人物素材图层"调整"爆炸素材图层"的位置。把"爆炸素材"图层的第一帧移到时间线的第 41 帧，如图 3-25 所示，效果如图 3-26 所示。

图 3-25

图 3-26

（4）选中"爆炸素材"图层，添加"Layer>Time>Enable Time Remapping"命令，如图 3-27 所示，效果如图 3-28 所示。

图 3-27

图 3-28

（5）选中"爆炸素材"图层的最后一帧，按住左键时间帧，如图 3-29 所示。

图 3-29

（6）根据"人物爆炸图层"调整"爆炸素材图层"的缩放。选中"爆炸素材"图层，按"S"键记录关键帧，如图 3-30 所示。

图 3-30

（7）根据"爆炸素材图层"调整"爆炸人物素材图层"的缩放，按"S"键记录关键帧，如图 3-31 所示，效果如图 3-32 所示。

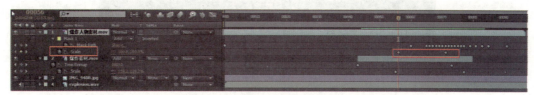

图 3-31

图 3-32

4. 气波效果的制作

（1）对"IMG_9400 图层"画 Mask，如图 3-33 所示，效果如图 3-34 所示。

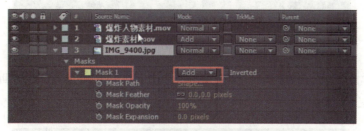

图 3-33

图 3-34

（2）复制"IMG_9400 素材"，并把 Mask 改为"Subtract"，如图 3-35 所示，效果如图 3-36 所示。

图 3-35

图 3-36

（3）把第一个"IMG_9400 素材"的"Mask Expansion"数值调小，如图 3-37 所示。

图 3-37

（4）新建一个固态层，放在"爆炸素材"下面。在固态层中间画 Mask，如图 3-38 所示，效果如图 3-39 所示。

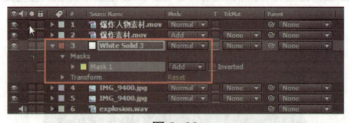

图 3-38

图 3-39

（5）调固态层 Mask 的"Mask Feather"羽化值，让 Mask 边缘虚化一下，如图 3-40 所示，效果如图 3-41 所示。

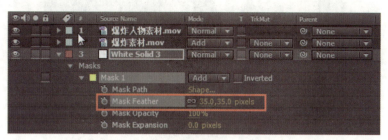

图 3-40

图 3-41

（6）调固态层"White Solid 3"位移参数并记录关键帧，如图 3-42 所示，效果如图 3-43 所示。

图 3-42

图 3-43

（7）复制"White Solid 3"固态层，改名字为"White Solid 4"。调第二个关键帧位移与"White Solid 3"固态层位移相反，如图 3-44 所示，效果如图 3-45 所示。

图 3-44

图 3-45

（8）选中"White Solid 3"固态层和"White Solid 4"固态层，单击菜单栏"Layer> Pre compose"，快捷键为"Ctrl + Shift + C"，如图 3-46 所示。

图 3-46

（9）选中第四个图层"IMG_9400"，单击"Effect>Distort>Displacement Map"命令，如图 3-47 所示。

（10）置换命令"Displacement Map Layer"改为"3.Pre-comp1"，如图 3-48 所示。

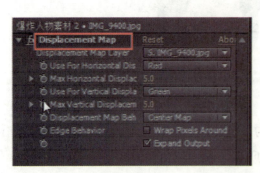
图 3-47

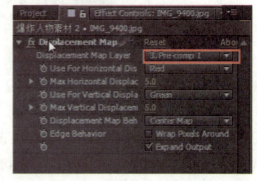
图 3-48

（11）把第三图层"Pre-comp 1"素材前的"眼睛"显示关掉，如图 3-49 所示。

项目三　爆炸——抠像　　47

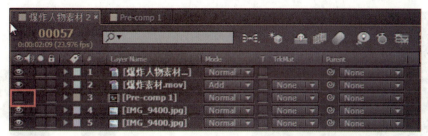

图3-49

5. 添加环境光

（1）新建一个（执行"Layer>New>Adjustment Layer"命令）调节层，如图3-50所示。

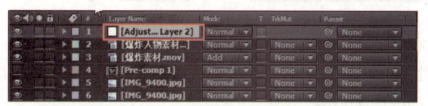

图3-50

（2）选中调节层，添加"Effect>stylize>Glow"，如图3-51所示。

图3-51

（3）拖动时间线到46帧，调节"Glow""Glow Threshold"和"Glow Intensity"数值并记录关键帧，如图3-52和图3-53所示，效果如图3-54所示。

图3-52

图 3-53　　　　　　　　　　　　　图 3-54

6. 运动模糊

（1）新建一个（执行"Layer>New>Adjustment Layer"命令）调节层，改名字为"运动模糊"，如图 3-55 所示。

（2）在"运动模糊"图层添加（执行"Effect>Time>CC Force Motion Blur"命令）运动模糊，如图 3-56 所示。

图 3-55　　　　　　　　　　　　　图 3-56

（3）单击菜单命令"File>Save"，快捷键为"Ctrl + S"，如图 3-57 所示。

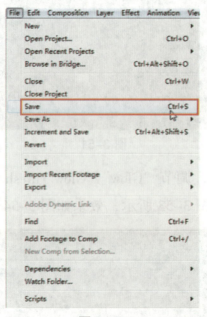

图 3-57

项目四 水墨画

[4]

4.1 项目名称

本项目的原始效果如图 4-1 所示,最终效果如图 4-2 所示。

图 4-1

图 4-2

4.2 项目要求

(1)处理水墨画边缘。
(2)制作水墨画效果。
(3)使用调节层。

4.3 项目分析

(1)使用快捷键"Ctrl + K"快速调出合成属性。
(2)查找边缘命令的应用。
(3)轨道蒙版的使用。
(4)去色命令的使用。
(5)快捷键的使用。
(6)Mask 图形遮罩的使用。
(7)调节层的运用。
(8)调色命令的使用。

了解通过"Find Edges"(查找边缘)命令和"Tint"(去色)命令的使用和作用,了解 After Effects 参数中需要注意的相关事项。在 After Effects 中的操作大部分时间是花在时间线面板中，所以可以利用快捷键和快捷菜单等完成相关的操作，以提高效率。

4.4 项目实施

操作视频

（1）执行菜单命令"File>Import"，将素材导入。

（2）选中"bright.tif"素材并拖拽到新建合成窗口中，如图 4-3 所示。按"Ctrl + K"快捷键打开合成窗口，设置名字为"guohua_base"，如图 4-4 所示，效果如图 4-5 所示。

图 4-3

图 4-4

图 4-5

（3）选中"bright.tif"图层，添加"去色（Effect/Color Correction/Tint）"命令，参数设置如图 4-6 所示，效果如图 4-7 所示。

图 4-6

图 4-7

（4）对图层继续添加模糊效果（Effect/Blur&Sharpen/Fast Blur），参数设置如图4-8所示，效果如图4-9所示。

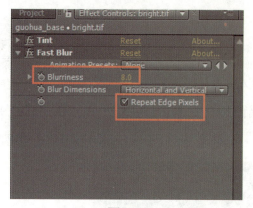

图4-8

图4-9

（5）在项目窗口中将"bright.tif"素材拖拽到"bright.tif"图层的上面，添加"查找边缘"（Effect/Stylize/Find Edges）命令，如图4-10所示，效果如图4-11所示。

图4-10

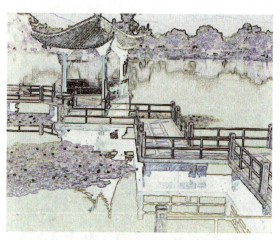

图4-11

（6）接着对图层添加"去色"（Effect/Color Correction/Tint）命令，如图4-12所示。

图4-12

（7）对图层添加"色阶"（Effect/Color Correction/Levels）命令，参数设置如图 4-13 所示，效果如图 4-14 所示。

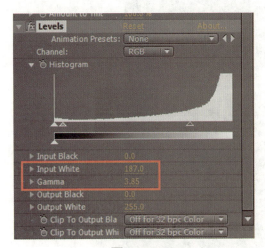

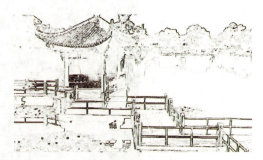

图 4-13　　　　　　　　　　　　　　图 4-14

（8）将上面的图层更改叠加模式为正片叠底，如图 4-15 所示，效果如图 4-16 所示。

图 4-15

图 4-16

（9）在项目窗口中将合成"guohua_base"拖进新的合成窗口，如图 4-17 所示。按"Ctrl + K"快捷键打开合成窗口，设置名字为"out"，如图 4-18 所示。

图 4-17

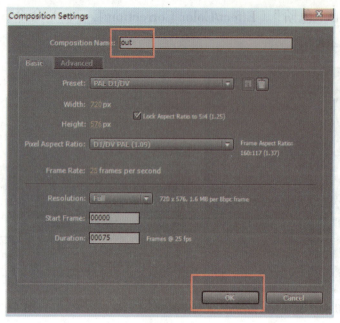

图 4-18

（10）选中"guohua_base"图层，调整图片的位置，如图 4-19 所示，使用工具栏的钢笔工具画出素材的上半部分，如图 4-20 所示，效果如图 4-21 所示。按键盘上的"M"键显示出 Mask，改为相减，如图 4-22 所示，效果如图 4-23 所示。

图 4-19

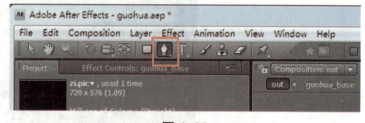

图 4-20

图 4-21

图 4-22

图 4-23

（11）在项目窗口中拖拽"bright.tif"素材到"guohua_base"图层的上面，对"bright.tif"图层进行对位后，添加色相饱和度（Effect/Color Correction/Hue/Saturation），参数设置如图 4-24 所示，效果如图 4-25 所示。

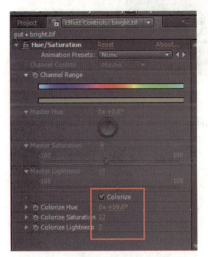
图 4-24

图 4-25

（12）把"guohua_base"图层的 Mask 复制，选中"bright.tif"图层粘贴，如图 4-26 所示，效果如图 4-27 所示。

图 4-26

图 4-27

（13）更改图层"bright.tif"的叠加方式为"Color Dodge"，如图4-28所示，按键盘上的"T"键将透明度调整为33%，效果如图4-29所示。

图4-28

图4-29

（14）新建灰色固态层（执行"Layer>New>Solid"命令），如图4-30所示。将固态层放置在最下面，效果如图4-31所示。

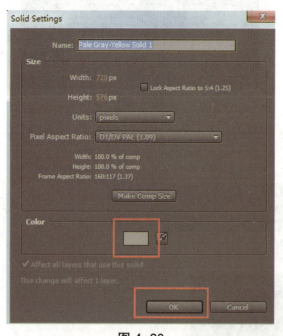

图4-30

图4-31

（15）单击显示灰色固态层，添加渐变效果（Effect/Generate/Ramp），对渐变的点调整，颜色调整如图4-32所示，效果如图4-33所示，把单独显示关掉后效果如图4-34所示。

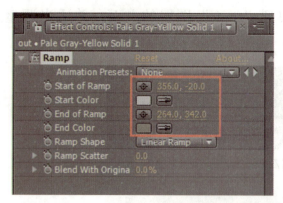

图 4-32

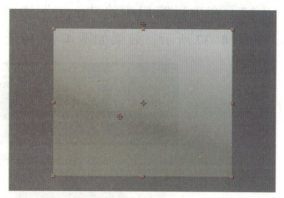

图 4-33

图 4-34

（16）在项目窗口中将"zi.pic"素材拖拽到"bright.tif"图层的上面，并适当调整大小，如图 4-35 所示，效果如图 4-36 所示。

图 4-35

图 4-36

（17）在项目窗口中将"tz.pic"素材拖拽到"zi.pic"图层的上面，并适当调整大小，如图4-37所示，效果如图4-38所示。

图4-37

图4-38

（18）在项目窗口中将"paper.pic"素材拖拽到"tz.pic"图层的上面，更改透明度，如图4-39所示，效果如图4-40所示。更改图层的叠加模式为"Color Burn"，如图4-41所示，效果如图4-42所示。

图4-39

图4-40

图 4-41

图 4-42

（19）新建总调节层（执行"Layer>New>Adjustment Layer"命令），添加"亮度 & 对比度"（Effect/Color Correction/Brightness&Contrast）命令，如图 4-43 所示，最终效果如图 4-44 所示。

图 4-43

图 4-44

4.5 要点提示

（1）在 After Effects 中不能对素材进行过度的拉伸和缩短，这样会影响素材的质量；

（2）调整某一图层时打开"独显"按钮方便调节，调节过后切记把"独显"按钮关闭；

（3）利用快捷键"Ctrl + K"快速调出合成属性；

（4）调节层的作用是对它下面的所有图层都起作用；

（5）在 After Effects 中除使用预置的矩形和椭圆形等遮罩工具外，还可以利用钢笔工具；

（6）使用 Mask 遮罩时注意对其模式的使用。

项目五 穿梭的时光——三维层

[5]

5.1 项目名称

本项目的原始效果如图 5-1 所示，最终效果如图 5-2 所示。

图 5-1

图 5-2

5.2 项目要求

（1）掌握 3D 摄像机的应用。
（2）掌握 3D 图层的基本操作。
（3）掌握 3D 视图的应用。
（4）掌握 3D 灯光的应用。

5.3 项目分析

（1）在 3D 图层中，图层之间在空间位置上就存在前后关系。
（2）调整某一图层时打开"独显"按钮方便调节，调节过后切记把"独显"按钮关闭。
（3）利用快捷键"Ctrl + Alt + Shift + C"快速设置摄像机属性。
（4）使用摄像机图层必须为 3D 图层。
（5）改变焦距（Focus Distance）的值可以调整画面的模糊效果。
（6）创建灯光必须为 3D 图层。

本项目通过对 3D 图层、3D 摄像机、3D 灯光的应用，讲解 After Effects 中的 3D 合成功能，使读者掌握使用 3D 图层制作动画的方法，同时了解 After Effects 参数中需要注意的相关事项。

5.4 项目实施

操作视频

（1）执行菜单命令"File>Import>File"，将素材导入。

（2）鼠标左键双击项目空白处，将所有".png"格式素材作为单帧图片导入到项目窗口中，如图 5-3 所示。

图 5-3

（3）将"night-wall-with-writing.png"素材拖拽到新建合成，如图 5-4 所示。可新建一个工作空间，如图 5-5 所示，效果如图 5-6 所示。

图 5-4

图 5-5

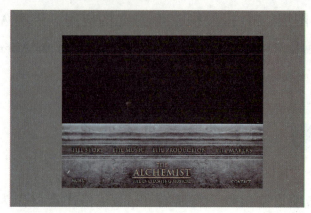

图 5-6

（4）在项目窗口中将"night-pyramids.png"素材拖拽到"night-wall-with-writing.png"图层的下面，如图 5-7 所示，效果如图 5-8 所示。

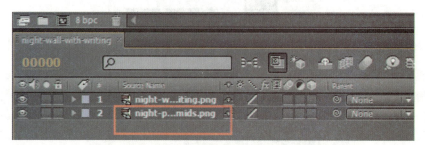

图 5-7

图 5-8

（5）在项目窗口中将"nightsand2.png"素材拖拽到"night-pyramids.png"图层的下面，如图 5-9 所示，效果如图 5-10 所示。

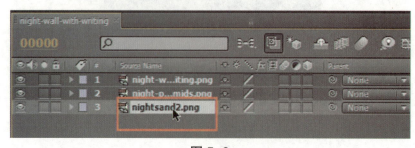

图 5-9

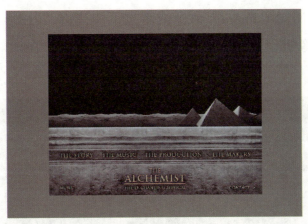

图 5-10

（6）在项目窗口中将"nightsky.png"素材拖拽到"nightsand2.png"图层的下面，如图 5-11 所示，效果如图 5-12 所示。

图 5-11

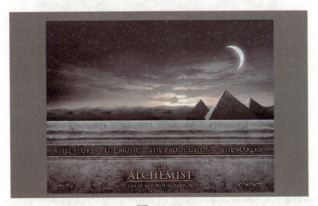

图 5-12

（7）在 After Effects 中，如果要将所有图层指定为 3D 图层，只需在"Timeline"（时间线）面板中将"3D"按钮打开，如图 5-13 所示。

图 5-13

（8）执行"Layer>New>Camera"命令或者按下快捷键"Ctrl + Alt + Shift + C"，打开"Camera Settings"（摄像机设置）对话框，如图 5-14 所示，在该对话框中可以对摄像机的各种参数进行设置。

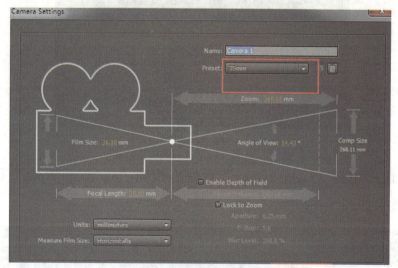

图 5-14

（9）在"Composition"（合成）窗口的"Select View Layout"（视图显示）下拉列表中选择"2 Views-Horizontal"双视图显示，如图 5-15 所示，效果如图 5-16 所示。

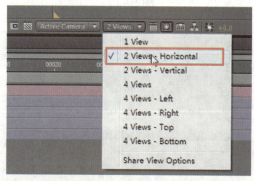

图 5-15

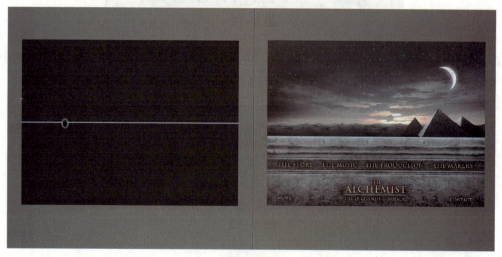

图 5-16

（10）选中"nightsky.png"图层，在左视图中移动Z轴的方向坐标，如图5-17所示，效果如图5-18所示。

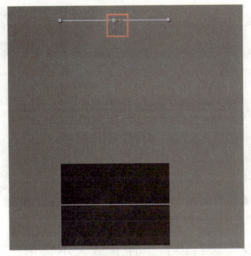

图5-17

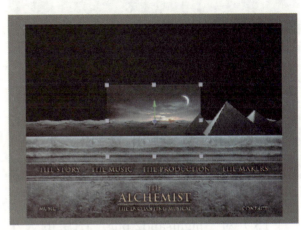

图5-18

（11）对"nightsky.png"图层的大小"Scale"进行设置，如图5-19所示，效果如图5-20所示。

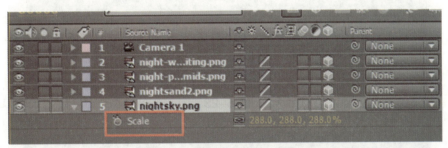

图5-19

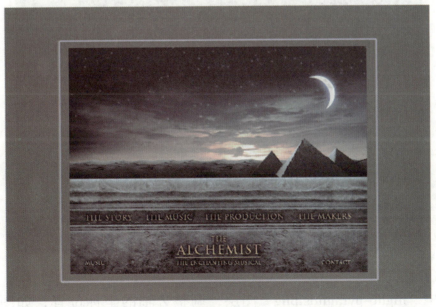

图5-20

（12）选中"nightsand2.png"图层，调整 Z 轴方向坐标，如图 5-21 所示，效果如图 5-22 所示。

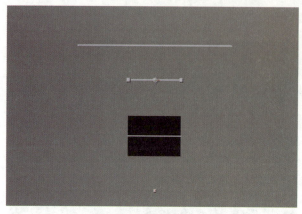

图 5-21

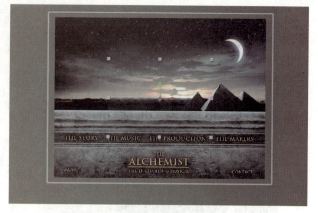

图 5-22

（13）对"nightsand2.png"图层的大小"Scale"进行设置，使其放大不穿帮，如图 5-23 所示，效果如图 5-24 所示。

图 5-23

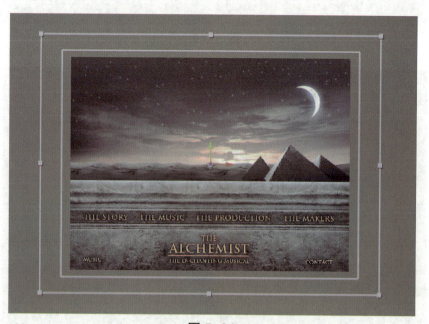

图 5-24

（14）选中"night-pyramids.png"图层，调整 Z 轴的坐标位置，如图 5-25 所示，效果如图 5-26 所示。

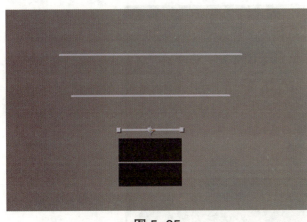
图 5-25

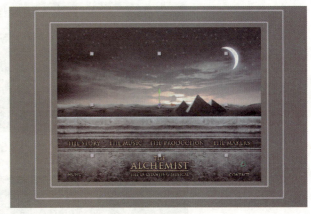
图 5-26

（15）对"night-pyramids.png"图层的大小"Scale"和位移"Position"进行设置，如图 5-27 所示，效果如图 5-28 所示。

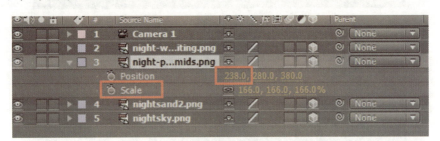
图 5-27

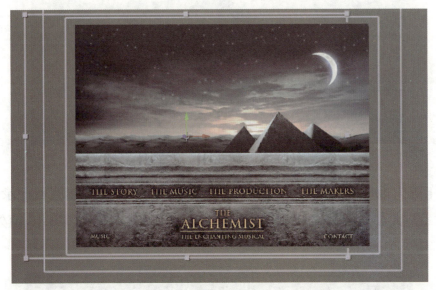
图 5-28

（16）将摄像机移动到最底层，打开摄像机前面的小三角下拉列表，对"Transform"下的"Point of Interest"和"Position"记录关键帧（第 0 帧记录一次，第 50 帧处使用摄像机的工具进行推镜头），如图 5-29 所示。第 50 帧处参数如图 5-30 所示，效果如图 5-31 所示。

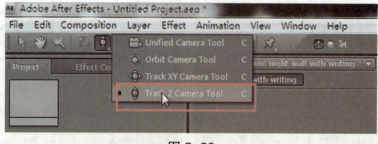

图 5-29

图 5-30

图 5-31

（17）制作镜头推进并带有一点旋转的效果。对摄像机的 Z 轴旋转记录关键帧（第 0 帧为"0"，第 37 帧为"-6"，第 50 帧为"0"），如图 5-32 所示。第 16 帧处的效果如图 5-33 所示。

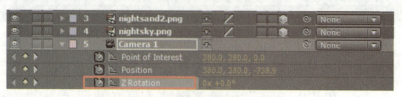

图 5-32

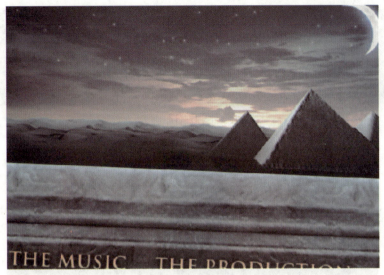

图 5-33

（18）打开摄像机"Camera Options"前面的小三角，对属性"Focus Distance"和"Aperture"记录关键帧，如图 5-34 所示。第 0 帧处"Focus Distance"和"Aperture"的数值如图 5-35 所示，第 15 帧处"Focus Distance"和"Aperture"的数值如图 5-36 所示，第 49 帧处"Focus Distance"和"Aperture"的数值如图 5-37 所示，效果如图 5-38 所示。

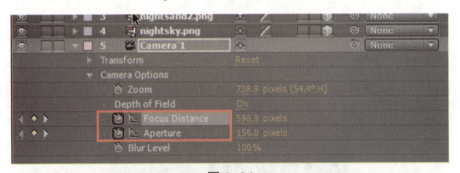

图 5-34

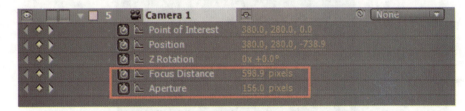

图 5-35

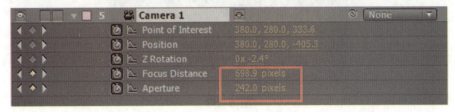

图 5-36

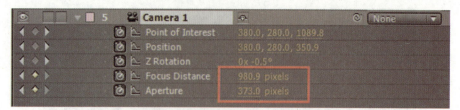

图 5-37

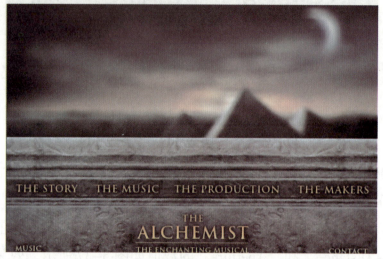

图 5-38

（19）执行"Layer>New>Light"命令或者按下快捷键"Ctrl + Alt + Shift + L"，打开"Light Settings"（灯光设置）对话框，如图 5-39 所示。在该对话框中可以对摄像机的各种参数进行设置。Light 属性的光照强度的设置如图 5-40 所示，最终效果如图 5-41 所示。

图 5-39

图 5-40

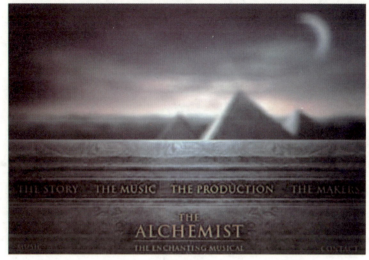

图 5-41

5.5 要点提示

（1）在 3D 图层中，图层之间在空间位置上就存在前后关系；

（2）调整某一图层时打开"独显"按钮方便调节，调节过后切记把"独显"按钮关闭；

（3）利用快捷键"Ctrl + Alt + Shift + C"快速设置摄像机属性；

（4）使用摄像机图层必须为 3D 图层；

（5）改变焦距（Focus Distance）的值可以调整画面的模糊效果；

（6）创建灯光必须为 3D 图层。

实战演练篇

项目六

律动的光线

6.1 项目名称

本项目的原始效果如图 6-1 所示，最终效果如图 6-2 所示。

图 6-1

图 6-2

6.2 项目要求

（1）制作律动的光线。
（2）制作空间感粒子背景。
（3）制作带有渐变并带有阴影效果的文字。

6.3 项目分析

（1）分形燥波滤镜应用。
（2）应用 Bezier 变形滤镜调整光线形状。
（3）色相色饱和度的应用。
（4）辉光特效命令的应用。
（5）摄像机应用的图层为 3D 图层。
（6）粒子世界特效命令的应用。
（7）渐变效果及去色命令的运用。
（8）通过父子链接方便调节图层位置大小。

项目六　律动的光线

本项目学习律动光线效果，在学习本项目之前可以通过互联网、书刊等搜索自己感兴趣的一些动感光线图片，观察效果并进行具体分析，就本项目给定的素材以及 After Effects 中的知识要点合理地进行制作。通过互联网和教材预习 After Effects 有关知识命令的运用，加深对案例中相关操作的理解。

6.4　项目实施

（1）执行"新建合成"（Composition>New Composition）命令，如图 6-3 所示。

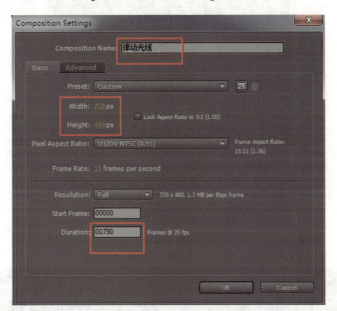

图 6-3

（2）执行"新建固态层"（Layer>New>Solid）命令，固态层命名为"绿色光线"，如图 6-4 所示，得到的效果如图 6-5 所示。

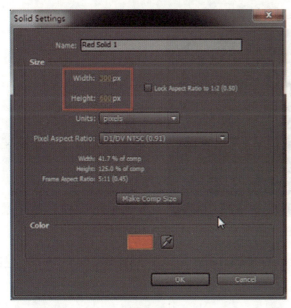

图 6-4

图 6-5

（3）选中绿色光线图层，添加"分形燥波滤镜"（Effect>Noise&Grain>Fractal Noise），参数设置如图 6-6 所示，对其属性下的"Evolution"记录关键帧（第 0 帧为"0"，第 500 帧为"3×360"），如图 6-7 所示，效果如图 6-8 所示。

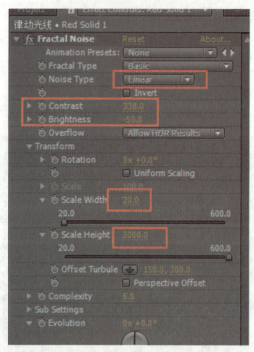

图 6-6

图 6-7

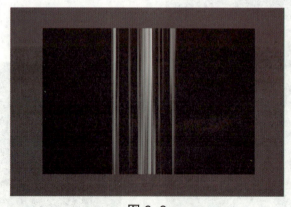

图 6-8

（4）对绿色光线图层添加"Bezier 变形滤镜"（Effect>Distort>Bezier Warp），如图 6-9 所示，效果如图 6-10 所示。

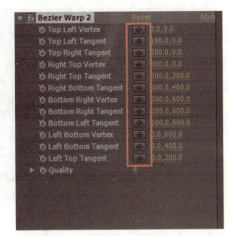

图 6-9

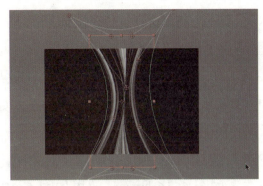

图 6-10

（5）选中绿色光线图层，添加"色相色饱和度"（Effect>Color Correction>Hue Saturation）命令，参数调整如图 6-11 所示，效果如图 6-12 所示。

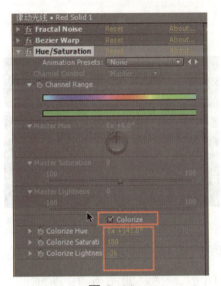

图 6-11

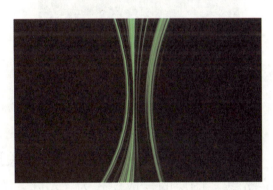

图 6-12

（6）对绿色光线图层继续添加"辉光"（Effect>Stylize>Glow），参数调整如图 6-13 所示，效果如图 6-14 所示。

图 6-13

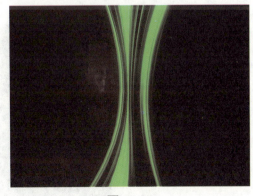

图 6-14

（7）复制绿色光线图层，得到图层并命名为"蓝色光线"，对它的动态进行调整，按键盘"U"显示关键帧，将最后的关键帧向后移动一段位置（这里是为了使它们动态不一样）。

（8）单独显示蓝色光线图层，在效果窗口中选中"Bezier Warp"，调整点的位置，如图6-15所示。

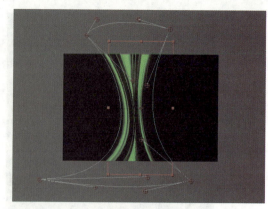

图 6-15

（9）继续对蓝色光线图层的色相色饱和度进行调整，如图6-16所示，效果如图6-17所示。

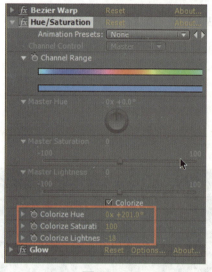

图 6-16

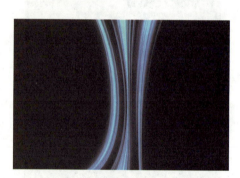

图 6-17

（10）将蓝色光线的"独显"按钮关掉，在时间线窗口中打开模式转换开关，更改"蓝色光线"图层的合成模式为"Add"，如图6-18所示，效果如图6-19所示。

图 6-18

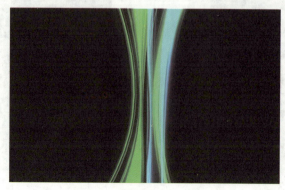

图 6-19

（11）切换模式转换开关，将两个图层的 3D 图层打开，如图 6-20 所示。

图 6-20

（12）新建"摄像机"（Layer>New>Camera），如图 6-21 所示。

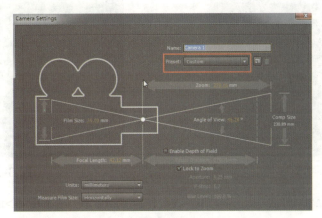

图 6-21

（13）对蓝色光线图层和绿色光线图层的旋转 Y 轴进行调节，如图 6-22 所示。

图 6-22

（14）新建"绿色固态层"（Layer>New>Solid），如图 6-23 所示，效果如图 6-24 所示。

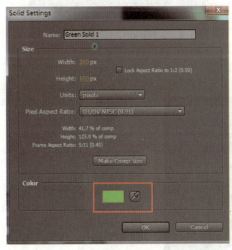 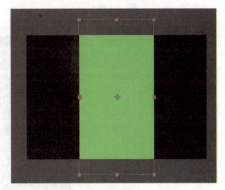

图 6-23　　　　　　　　　　　　图 6-24

（15）对绿色粒子固态层匹配视频尺寸，选中"固态层"（Layer>Solid Settings），单击"Make Comp Size"按钮，如图6-25所示，效果如图6-26所示。

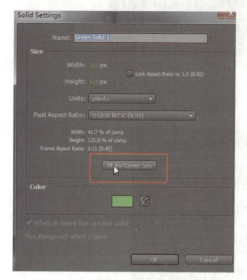
图6-25

图6-26

（16）选中绿色粒子固态层，添加"粒子世界特效"（Effect>Simulation>CC Particle World），并更改物理属性和描述参数，如图6-27所示，粒子大小参数相关设置如图6-28所示，效果如图6-29所示。

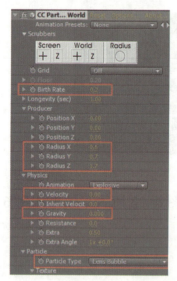
图6-27

图6-28

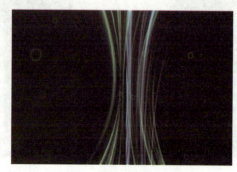
图6-29

（17）将绿色粒子固态层放置在摄像机的下面并拖动图层条，使图层条向前移动，这样在画面一开始就有粒子出现。

（18）选中摄像机，打开三角按钮，对摄像机的目标和位置使用摄像机旋转工具，如图6-30所示，目标和位置记录关键帧如图6-31所示。

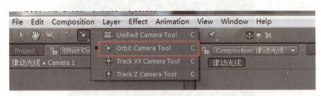

图 6-30

图 6-31

（19）选中"绿色粒子"固态层，添加"辉光效果"（Effect>Stylize>Glow），参数如图6-32所示，并将叠加模式改为"Add"，效果如图6-33所示。

图 6-32

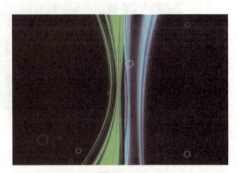

图 6-33

（20）复制"绿色粒子"固态层并命名为"蓝色粒子"，更改"蓝色粒子"颜色为蓝色，选中图层（Layer>Solid Settings），如图6-34所示，效果如图6-35所示。

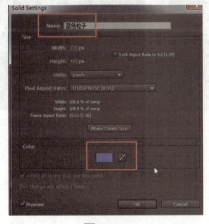

图 6-34

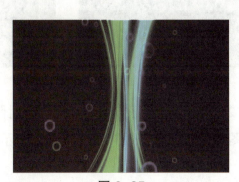

图 6-35

（21）对"蓝色粒子"图层的粒子效果属性进行更改，并适当向前拖动时间条，如图 6-36 所示。

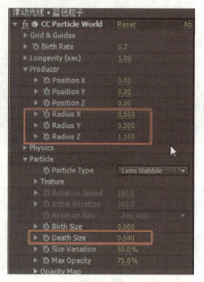

图 6-36

（22）选中摄像机的所有关键帧，添加"慢入慢出效果"（Animation>Keyframe Assistant>Easy Ease），如图 6-37 所示。

图 6-37

（23）使用文本工具创建文字效果，如图 6-38 所示。

（24）选中文字层添加"渐变"（Effect>Generate>Ramp），如图 6-39 所示，效果如图 6-40 所示。

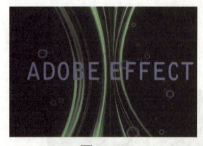

图 6-38

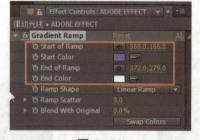

图 6-39

图 6-40

（25）复制文字图层，添加"投射阴影"（Effect>Perspective>Drop Shadow）命令，参数如图 6-41 所示，效果如图 6-42 所示。

图 6-41

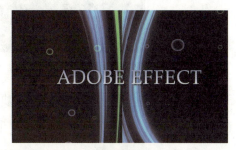

图 6-42

（26）新建黑色固态层，并命名为"BG"，放置在最底层，如图 6-43 所示。

（27）选中"BG"图层，添加"光晕滤镜"（Effect>Generate>Lens Flare）命令，参数如图 6-44 所示。

（28）选中"BG"图层，添加"去色"（Effect>Color Correction>Tint）命令，并更改颜色为蓝色，如图 6-45 所示。

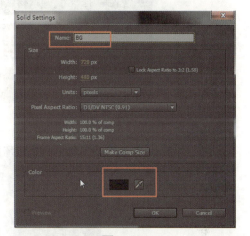

图 6-43

图 6-44

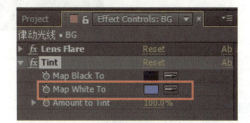

图 6-45

（29）选中绿色粒子层，更改合成模式为"Add"，如图 6-46 所示。

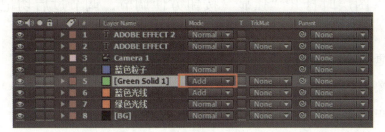

图 6-46

（30）对文字图层做父子链接，方便调整文字位置，如图6-47所示。

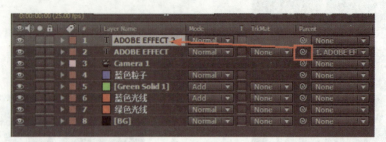

图 6-47

（31）最后将时间线移动到100帧处，按键盘上的"N"键，或单击鼠标右键选择"Trim Comp to Work Area"，如图6-48所示。最终效果如图6-49所示。

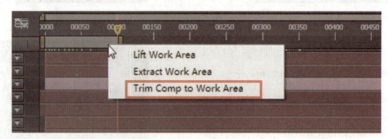

图 6-48

图 6-49

6.5 要点提示

（1）调整Bezier变形时一定要选中属性才会出现调节点；

（2）调整某一图层时打开"独显"按钮方便调节，调节过后切记把"独显"按钮关闭；

（3）利用快捷键"U"快速调出关键帧；

（4）使用摄像机图层必须为3D图层；

（5）使用渐变效果应注意对点位置的移动应达到理想效果；

（6）通过父子链接制作文字破碎抖动效果。

项目七

文字的破碎

7.1 项目名称

本项目的原始效果如图 7-1 所示,最终效果如图 7-2 所示。

图 7-1

图 7-2

7.2 项目要求

(1) 利用 After Effects 制作带有倒角边的金属文字效果。
(2) 使用图层排序制作文字依次碎裂效果。
(3) 制作文字碎片随机破碎产生不同变化的效果。
(4) 制作文字碎片辉光效果。
(5) 制作案例中文字破碎震颤效果。

7.3 项目分析

(1) 图层 Alpha 通道蒙版的应用。
(2) 应用 Curves 曲线调色命令调整图片颜色。
(3) 应用"Bevel Alpha"命令制作倒角文字效果。
(4) 应用"Mask"遮罩工具制作文字由上至下显示。
(5) 应用"CC Pixel Polly"破碎特效命令制作文字破碎效果。
(6) 通过"Alt"键选择属性前的码表进行表达式修改。
(7) 利用"Fast Blur"制作文字破碎运动模糊效果。
(8) 应用"Slider Control"动态表达式制作视频抖动效果。
(9) 通过父子链接制作图层文字抖动效果。

项目七 文字的破碎

本项目介绍文字特效破碎效果的制作，通过对本项目的学习掌握好本项目的知识要点对学习 After Effects 有着非常重要的意义。本项目主要应用 Mask 遮罩，Mask 是一个路径或者一个轮廓图，在素材中没有 Alpha 通道的情况下，往往选用 Mask 遮罩来为图像添加 Alpha 通道。

7.4 项目实施

1. 导入素材／建立合成

（1）执行菜单命令"File>Import>File"，将图片"metal.jpg"导入。

（2）新建"合成"（Composition>New Composition），并命名为"word"，新建合成的大小如图 7-3 所示。

操作视频

图 7-3

2. 金属倒角边文字效果的制作

（1）在项目窗口中选择带有金属纹理素材的图片"metal.jpg"，拖拽到"word"合成窗口中。使用文本工具输入文本文件"AEFER EFFECT"，如图 7-4 所示，效果如图 7-5 所示。

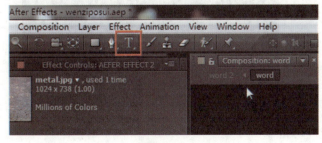

图 7-4

图 7-5

（2）单击菜单"Window"找到"Character"，打开字符属性。在字符属性里调整文本"AEFER EFFECT"颜色为白色，字体为"楷体"，如图 7-6 所示。

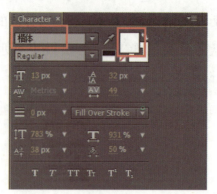

图 7-6

（3）选中金属图片图层，打开切换面板，使用轨道蒙版 Alpha Matte "AEFER EFFECT"，并对金属图层进行旋转移动，达到想要的金属纹理效果，如图 7-7 所示，其效果如图 7-8 所示。

图 7-7

图 7-8

（4）对图层 "metal.jpg" 添加 "曲线"（Effect>Color Correction>Curves）命令，调整其属性 "Channel" 的 "RGB" 曲线及红绿蓝通道的曲线，达到想要的金属纹理效果，参数如图 7-9 所示，其效果如图 7-10 所示。

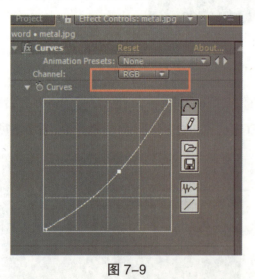
图 7-9

图 7-10

（5）复制文字图层，打开图层前的 "眼睛" 显示，并调整文字颜色为黑色。添加 "特效"（Effect>Perspective>Bevel Alpha）命令，调整属性参数如图 7-11 所示，其效果如图 7-12 所示。

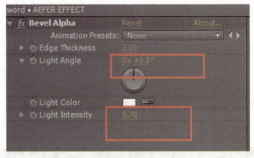
图 7-11

图 7-12

（6）将层叠加模式设置为"Add"模式，如图 7-13 所示。选择之前复制的文字层并按"Ctrl + D"键再复制一层，适当修改"Bevel Alpha"的属性，参数设置如图 7-14 所示，效果如图 7-15 所示。

图 7-13

图 7-14

图 7-15

【小提示】

"Curves"命令的作用是调整金属贴图的颜色。

3. 制作文字破碎效果

（1）在项目窗口中将"word"合成文件拖拽到新合成窗口中，命名为"word 2"，如图 7-16 所示。

图 7-16

（2）对"word"图层添加"碎片特效"（Effect>Simulation>CC Pixel Polly）命令，修改"CC Pixel Polly"属性参数，如图7-17所示。拖动时间条观看效果，如图7-18所示。

图7-17　　　　　　　　　　　　　　　图7-18

（3）制作破碎文字由上至下的破碎变化，先对它的特效进行隐藏，关闭特效开关，如图7-19所示。

图7-19

（4）选中"word"素材添加Mask画出范围，并适当调整Mask的位置，如图7-20所示，效果如图7-21所示。

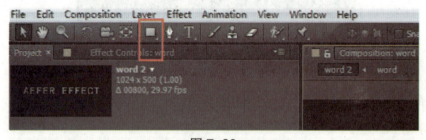

图7-20

图7-21

(5)选中"word"图层按键盘上的"M"键,对"Mask Path"记录关键帧(第 0 帧的时候记录一下关键帧,第 11 帧的时候移动"Mask"的位置到文字底部再次记录关键帧),如图 7-22 所示。

图 7-22

(6)打开特效开关进行观察。

(7)制作碎片产生不同变化效果,对"CC Pixel Polly"属性添加表达式[按"Alt"键然后再单击属性里"Force"前的码表,并在时间线窗口改表达式为"wiggle(0,20)"],如图 7-23、图 7-24 所示。

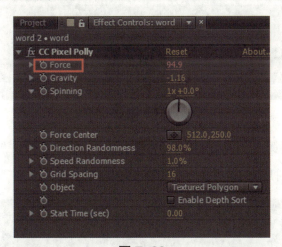

图 7-23

图 7-24

(8)对"CC Pixel Polly"属性里"Direction Randomness"(随机方向)按照上面的方法表达式改为"wiggle(0,10)"。属性里"Speed Randomness"(随机速度)表达式改为"wiggle(0,16)"。属性里"Grid Spacing"(粒子大小)表达式改为"wiggle(0,5)",如图 7-25 所示。

图 7-25

（9）对刚刚做好的"word"图层进行复制（前面制作的为 0~11 帧的动画，所以一共需要复制 12 个图层），时间条每滑动一帧把"word"图层条相对应地错位移动一帧，如图 7-26 所示。

图 7-26

（10）将时间条移至第 11 帧处，将所有图层的 Mask 属性"Mask Path"的关键帧全部删除，重新调整各个图层条的方向，如图 7-27 所示。

图 7-27

（11）复制一个"word"图层，把它放置在最下面，并适当更改图层条颜色以区分。把"word"图层的特效开关关掉，单独显示图层，调整 Mask 形状使文字全部显示，并对 Mask 的属性"Mask Path"记录关键帧，将时间条拖动到第 11 帧处将 Mask 图形拖到文字的下面。如图 7-28 所示为第 0 帧，如图 7-29 所示为第 11 帧，最终效果如图 7-30 所示。

图 7-28

图 7-29

图 7-30

【小提示】

使用 Mask 工具用来控制文字的范围，图层的快捷键 "M" 可快速调出图层 Mask 属性。更改特效属性表达式，按 "Alt" 键的同时，单击属性前码表可自由设置范围内的变化。图层条颜色的更改可方便区分（选中图层前面的小方块，右键单击选取想要的颜色）。单独显示图层（在时间线窗口中图层的"眼睛"显示后面为"独显"按钮）。

【注意】灵活应用快捷键对图层记录关键帧。

4. 制作破碎粒子辉光效果

（1）选中刚刚复制的 12 个图层并把它们拖拽到最上面，接着选择图层前面的小方块，单击鼠标右键选择 "yellow"，改变图层条的颜色为黄色，如图 7-31 所示。

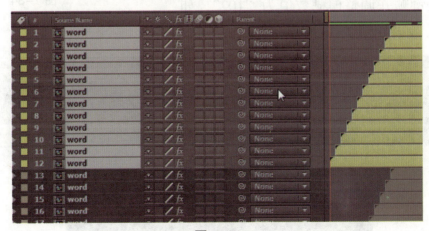

图 7-31

（2）选中刚刚复制的图层，按键盘上的中括号键对图层进行统一规制，如图 7-32 所示。

图 7-32

（3）选中其中一层，如图层"4 word"并把它的单独显示开关打开，如图 7-33 所示。

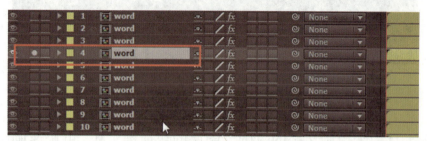

图 7-33

（4）对"4 word"图层添加"特效模糊效果"（Effect/Blur&Sharpen/Fast Blur），将它属性里"Blur Dimensions"模糊方向改为垂直方向，如图 7-34 所示。

（5）对"4 word"图层的模糊值进行记录关键帧，第 0 帧处记录一次关键帧数值为"0"，第 30 帧处记录关键帧并调整模糊数值为"102"，如图 7-35 所示，效果如图 7-36 所示。

图 7-34

图 7-35

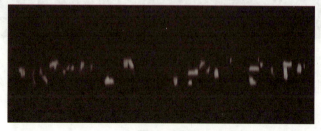

图 7-36

（6）对其他黄色图层全部添加特效模糊效果，在效果窗口"Effect Controls：word"中选中"Fast Blur"并复制，如图 7-37 所示。然后选中所有的黄色图层并粘贴，如图 7-38 所示。

图 7-37

图 7-38

（7）对所有的黄色图层的图层条位置进行错位移动，如图 7-39 所示，效果如图 7-40 所示。

图 7-39

图 7-40

（8）打开切换按钮，如图 7-41 所示，除最后一层外的其他所有图层的叠加模式由"Normal"改为"Add"，见图 7-42 红色标记，效果如图 7-43 所示。

图 7-41

图 7-42

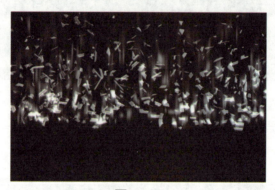

图 7-43

5. 制作画面视频抖动效果

（1）新建空物体（"Layer>New>Null Object"），对空物体层添加"动态表达式"（Effect/Expression Controls/Slider Control）。

（2）选中空物体层，按键盘的"P"键打开位移属性，按"Alt"键的同时单击"Position"前的码表更改表达式，如图 7-44 所示，再继续对表达式进行添加，选中链接拖拽到"Slider Control"属性的"Slider"上，如图 7-45 所示。

图 7-44

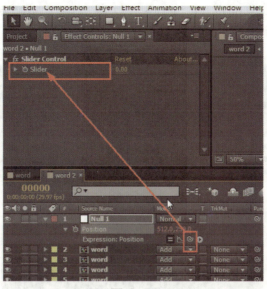

图 7-45

（3）选中除最后一层的其他所有图层，将其图层条移动到第 25 帧处，选中最后一层并按"U"键显示关键帧，将关键帧同样移动到第 25 帧处。

（4）对"Slider Control"属性的"Slider"记录关键帧（第 25 帧为"0"，第 39 帧为"76"），如图 7-46 所示。

图 7-46

（5）选中除空物体图层和最后一层的其他所有图层做父子链接，如图 7-47 所示。

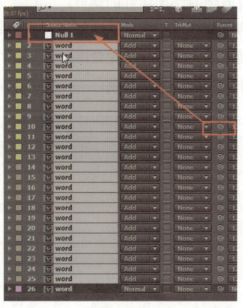

图 7-47

（6）最后将空物体图层前面的"眼睛"显示关掉，如图 7-48 所示，最终效果如图 7-49 所示。

图 7-48

图 7-49

7.5 要点提示

（1）通过轨道蒙版制作带有金属质感的文字；

（2）使用 Mask 工具达到文字遮罩的效果；

（3）利用快捷键"U"快速调出关键帧；

（4）图层条颜色的更改方便区分其他图层；

（5）单独显示图层开关方便对图层属性的调节；

（6）通过复制、粘贴特效命令可快速对其他图层制作相同的效果；

（7）利用表达式巧妙做出效果，提升工作效率；

（8）通过父子链接制作文字破碎抖动效果。

项目八 穿越地球

8.1 项目名称

本项目的原始效果如图 8-1 所示，最终效果如图 8-2 所示。

图 8-1

图 8-2

8.2 项目要求

（1）制作穿越地球效果。
（2）制作地球变死星过程。
（3）采用 After Effects 时间线窗口中图层属性知识与技法。
（4）制作星球爆炸效果。

8.3 项目分析

（1）图层间"父子链接"的应用。
（2）使用抠图命令去除地球边缘白色。
（3）应用调色命令调整图像的色相。
（4）应用 Mask 遮罩工具辅助边缘羽化效果。
（5）应用爆炸命令制作星球爆炸效果。
（6）使用表达式制作地球抖动效果。
（7）应用辉光、去色命令制作地球光效效果。

预习之前 After Effects 的一些命令和制作技法，使用快捷键可以提高工作效率，理解并使用 After Effects 中的一些特效命令。在学习本项目之前可以通过互联网搜索自己感兴趣的特效并进行具体分析，就本项目给定的素材以及 After Effects 中知识要点合理地进行制作。

8.4 项目实施

1. 穿越地球的制作

（1）执行菜单命令"File>Import"，将素材导入。

（2）直接拖拽"01.jpg"素材到合成窗口，如图 8-3 所示。

操作视频

图 8-3

（3）拖拽"02.jpg"素材放置到"01.jpg"素材的下面，并调整"01.jpg"的大小"S"（24.0，24.0%），通过透明度"T"进行对位（为了方便对位，这里选择比较容易识别的三角形楼房），效果如图 8-4 所示。

图 8-4

（4）为"01.jpg"和"02.jpg"做父子链接，将"01.jpg"作为"子"链接到"父""02.jpg"上，如图 8-5 所示。

图 8-5

（5）将"03.jpg"素材放置到"02.jpg"的下面，调整"02.jpg"的大小（25.0，25.0%），适当调整透明度进行对位（这里还是以三角形楼房为识别物进行对位），将"02.jpg"作为"子"链接到"父""03.jpg"上，效果如图8-6所示。

（6）将"04.jpg"素材放置到图层"03.jpg"的下面，调整"03.jpg"的大小（25.0，25.0%），适当调整透明度进行对位（这里是以条形楼房为识别物进行对位），将"03.jpg"作为"子"链接到"父""04.jpg"上，效果如图8-7所示。

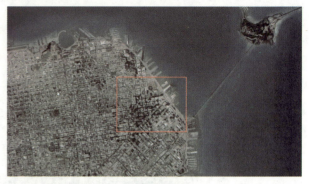

图8-6

（7）将"05.jpg"素材放置到图层"04.jpg"的下面，调整"04.jpg"的大小（23.0，23.0%），适当调整透明度进行对位（这里是以条形楼房为识别物进行对位），将"04.jpg"作为"子"链接到"父""05.jpg"上，效果如图8-8所示。

图8-7

图8-8

（8）将"06.jpg"素材放置到图层"05.jpg"的下面，调整"05.jpg"的大小（12.0，12.0%），适当调整透明度进行对位（这里是以河流为识别物进行对位），将"05.jpg"作为"子"链接到"父""06.jpg"上，效果如图8-9所示。

（9）将"07.jpg"素材放置到图层"06.jpg"的下面，调整"05.jpg"的大小（11.0，11.0%），适当调整透明度进行对位（这里是以河流为识别物进行对位），将"05.jpg"作为"子"链接到"父""06.jpg"上，效果如图8-10所示。

图8-9

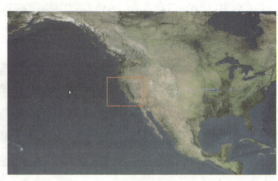

图8-10

（10）将"earthStill.png"素材放置在"07.jpg"图层的下面，适当调整地球的大小，如图8-11所示。

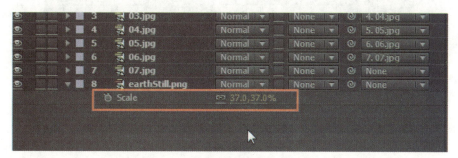

图8-11

（11）为"earthStill.png"图层去除边缘白色，添加"抠图"（Effect>Keying>Color Key）命令，打开属性，选用属性里的吸管吸取地球周围的白色，如图8-12所示，效果如图8-13所示。

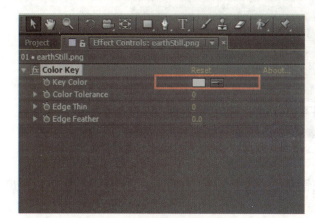 

图8-12　　　　　　　　　　　　图8-13

（12）调整"07.jpg"的大小（24.0，24.0%），适当调整透明度并与地球进行对位，将"07.jpg"作为"子"链接到"父""earthStill.png"图层上，效果如图8-14所示。

图8-14

（13）选中所有图层，断开父子链接并改为"None"，如图 8-15 所示。

图 8-15

（14）选中除"01.jpg"图层以外的其他所有图层作为"子"链接到"父""jpg"图层上，如图 8-16 所示。

图 8-16

（15）对于"01.jpg"图层的缩放记录关键帧，第 1 帧为 100%，第 50 帧为 0%，如图 8-17 所示。

图 8-17

（16）调整"01.jpg"图层的位置"P"，第 50 帧处记录一次关键帧，第 1 帧处调整位移，使它与视图重合并记录关键帧。

（17）选中所有图层，把它们的透明度"T"都调回原来的 100%，如图 8-18 所示。

（18）选中图层"01.jpg"，为它添加 Mask 遮罩，选择椭圆形 Mask 并用鼠标左键双击它，如图 8-19 所示。

图 8-18

图 8-19

(19) 继续对图层 "01.jpg" 添加的 Mask 遮罩进行参数调整,按 "M" 键调整羽化值和扩展边缘,如图 8-20 所示。

图 8-20

(20) 选中图层 "02.jpg",鼠标左键双击 Mask 椭圆工具,添加 Mask 遮罩,调整羽化值和边缘扩展,如图 8-21 所示。

图 8-21

(21) 选中图层 "03.jpg",鼠标左键双击 Mask 椭圆工具,添加 Mask 遮罩,调整羽化值和边缘扩展,如图 8-22 所示。

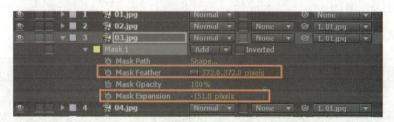

图 8-22

(22) 选中图层 "04.jpg",鼠标左键双击 Mask 椭圆工具,添加 Mask 遮罩,调整羽化值和边缘扩展,如图 8-23 所示。

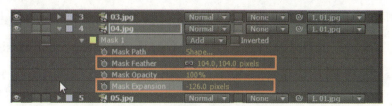

图 8-23

（23）选中图层"05.jpg"，鼠标左键双击 Mask 椭圆工具，添加 Mask 遮罩，调整羽化值和边缘扩展，如图 8-24 所示。

图 8-24

（24）选中图层"06.jpg"，鼠标左键双击 Mask 椭圆工具，添加 Mask 遮罩，调整羽化值和边缘扩展，如图 8-25 所示。

图 8-25

（25）选中图层"07.jpg"，鼠标左键双击 Mask 椭圆工具，添加 Mask 遮罩，调整羽化值和边缘扩展，如图 8-26 所示。

图 8-26

（26）选中图层"01.jpg"调整时长，按键盘上的"P"键将最后一个关键帧移动到第 125 帧处，如图 8-27 所示。

图 8-27

（27）继续对图层"01.jpg"的缩放关键帧进行移动，将最后一个关键帧移动到第 125 帧处，选中缩放"Scale"，执行"指数压缩"（Animation>Keyframe Assistant>Exponential Scale）命令，如图 8-28 所示。

项目八 穿越地球 111

图 8-28

（28）通过拖动时间条，观察到有的图层颜色不统一，对图层"06.jpg"颜色进行色相、色饱和度调节，选中图层"06.jpg"，添加调色命令参数（选择"Effect>Color Correction>Hue>Saturation"），如图 8-29 所示，效果如图 8-30 所示。

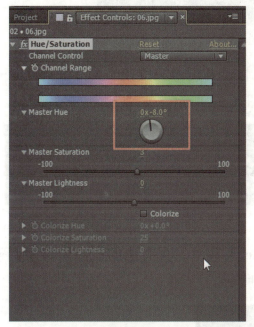

图 8-29

图 8-30

（29）选中图层"07.jpg"，添加调色命令参数（选择"Effect>Color Correction>Hue>Saturation"），如图 8-31 所示，效果如图 8-32 所示。

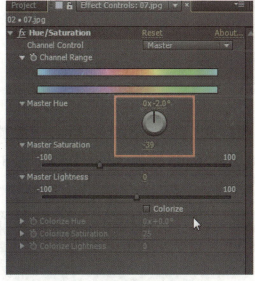

图 8-31

图 8-32

（30）为整个画面添加抖动效果。新建空物体层（Layer>New>Null Object），将空物体层作为"父"图层，"01.jpg"作为"子"图层，对它们做父子链接，如图8-33所示。

图8-33

（31）选中空物体层，按"P"键打开位移属性，并记录关键帧（第0帧处记录一次关键帧，第125帧处再次记录一次关键帧），如图8-34所示。

图8-34

（32）为空物体添加"抖动"（Window/Wiggler）命令，在右边的视图窗口中调整抖动的参数，最后单击"Apply"按钮，如图8-35所示。

图8-35

（33）为空物体添加旋转效果，选中空物体，按"R"键显示出旋转属性，调整旋转的角度为"360°"，并记录关键帧（第一帧为"0°"，第125帧为"360°"），如图8-36所示。

图8-36

（34）为地球穿越制作云层效果。新建一个固态层（Layer>New>Solid），并命名为"云层1"，为"云层1"添加"燥波"（Effect>Noise&Grain>Fractal Noise）命令，参数调整如图8-37所示，对燥波属性的"Evolution"进行更改（按"Alt"键的同时单击"Evolution"前面的码表），并改表达式为"time*200"，如图8-38所示。

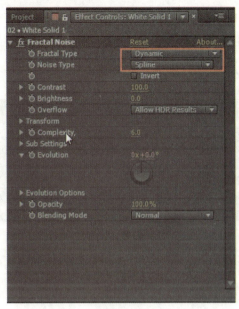

图 8-37

图 8-38

（35）选中"云层1"图层，用Mask的钢笔工具画出云的形状并适当调整它的羽化值，如图8-39所示。更改叠加模式为"Add"，如图8-40所示。

图 8-39

图 8-40

（36）对"云层 1"图层的大小和透明度记录关键帧（"S"第 29 帧处为 206.0、206.0%，第 44 帧处"Scale"为 0.0、0.0%，"T"第 20 帧处为 0%、第 29 帧处为 56%、第 44 帧处为 0%），如图 8-41 所示。

图 8-41

（37）复制"云层 1"并改名为"云层 2"，选中"云层 2"图层，按键盘的"U"键显示出关键帧，移动关键帧到第 41 帧处，如图 8-42 所示。

图 8-42

（38）复制"云层 1"并改名为"云层 3"，选中"云层 3"图层，按键盘的"U"键显示出关键帧，移动关键帧到第 62 帧处，如图 8-43 所示。

图 8-43

2."死星爆炸"的效果制作

（1）选择背景素材"spaceBG.jpg"并拖拽到新的合成项目，按"Ctrl + K"快捷键打开合成项目，并更改名字为"死星爆炸"，如图 8-44 所示。

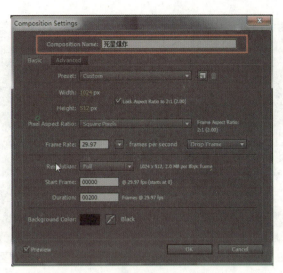

图 8-44

（2）选中背景层"spaceBG.jpg"，添加"向导层"（Layer>Guide Layer）命令（向导层可作为参考图层），如图 8-45 所示。

图 8-45

（3）选择"venusmap.jpg"素材，拖拽到死星爆炸合成窗口中并命名为"光效 1"，为"光效 1"图层添加"Effect>Perspective>CC Sphere"命令，效果如图 8-46 所示。

（4）为"光效 1"图层添加"去色"（Effect>Color Correction>Tint）命令，参数如图 8-47 所示。

图 8-46

图 8-47

（5）对"光效 1"图层添加"辉光"（Effect>Stylize>Glow）效果，参数调整如图 8-48 所示。

（6）制作星球的反光效果，复制"光效 1"并更改属性，参数如图 8-49 所示，效果如图 8-50 所示。

图 8-48　　　　　　　　　　　　　　　图 8-49

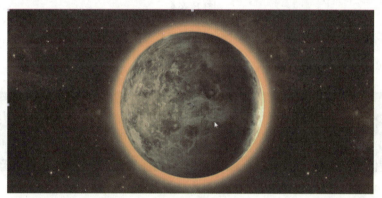

图 8-50

（7）制作星球上的裂纹，将"venusbump.jpg"素材拖拽到新的合成项目窗口并命名为"裂缝"。使用钢笔工具画出想要的裂纹部分，效果如图 8-51 所示。

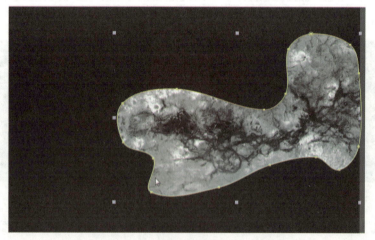

图 8-51

（8）为"venusbump.jpg"图层添加"反向"（Effect>Channel>Invert）命令和"曲线调色"（Effect>Color Correction>Curves）命令，如图 8-52 所示。

（9）复制"venusbump.jpg"图层放置在最低层，并添加"去色"（Effect>Color Correction>Tint）命令，如图 8-53 所示。更改它的通道蒙版为亮度蒙版，如图 8-54 所示。

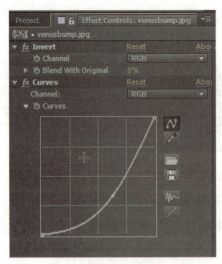
图 8-52

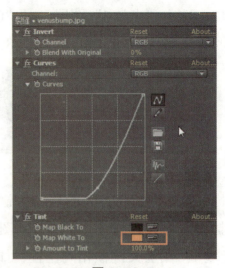
图 8-53

图 8-54

（10）在项目窗口中找到"死星爆炸"合成，鼠标左键双击打开它，复制"光效1"得到"光效3"，并将"光效3"放置在最上层，在项目窗口中找到"裂纹"合成，选中"光效3"图层的同时按住"Alt"键拖拽"裂纹"合成到"光效3"图层上完成替换。在切换效果命令面板更改"CC Sphere"属性，"Tint"的属性颜色如图8-55所示。

（11）通过单独显示"光效3"观察到亮度不明显，再添加辉光效果，调整参数如图8-56所示。

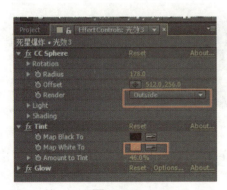
图 8-55

图 8-56

（12）选中"光效3"图层，对"CC Sphere"的"Rotation Y"记录关键帧（第1帧为"0°"，第50帧为"-130°"），如图8-57所示。

图 8-57

（13）选中"光效3"图层，按键盘"U"键调出关键帧，选中关键帧并按"Ctrl + C"快捷键复制，再选中"光效1"图层，按"Ctrl + V"快捷键粘贴，并移动关键帧至与"光效1"图层关键帧相同位置，如图8-58所示，效果如图8-59所示。

图 8-58

图 8-59

（14）在项目窗口中将"死星爆炸"拖拽到新的合成窗口中，并更改合成的名字为"爆炸"，如图8-60所示。

图 8-60

（15）为"死星爆炸"图层添加"爆炸"（Effect>Simulation>Shatter）命令，参数设置如图8-61所示。

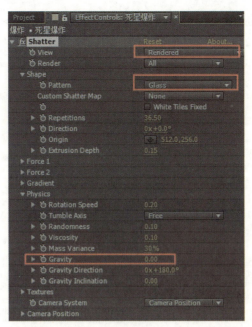

图 8-61

（16）对"死星爆炸"图层的属性"Force"下的"Radius"记录关键帧（第 0 帧为"0"，第 50 帧为"0.40"），如图 8-62 所示。

图 8-62

（17）调入"爆炸素材.mov"到"爆炸"合成中，按"S"键适当调整大小，更改图层叠加模式为"Add"，如图 8-63 所示。

图 8-63

（18）对"爆炸素材"图层添加"时间重映射"（Layer>Time>Enable Time Remapping）命令，适当调整时间条的长度并移动关键帧，对它的透明度"T"记录关键帧使爆炸慢慢消失，如图 8-64 所示。

图 8-64

（19）制作气浪冲击波效果。新建黄色固态层（Layer>New>Solid）并命名为"气浪"，如图 8-65 所示。

图 8-65

（20）对气浪图层添加 Mask 椭圆工具，按键盘的"M"键选中"Mask 1"，按"Ctrl + D"快捷键复制一层 Mask，并更改为相减，调整其羽化值，如图 8-66 所示。

图 8-66

（21）打开"气浪"图层的 3D 图层并调整位置方向，如图 8-67 所示。

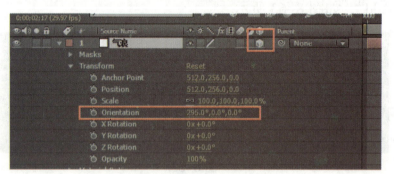

图 8-67

（22）新建一个固态层，在固态层上用钢笔工具画出气浪多余的部分，并对气浪图层添加蒙版（Alpha Inverted Matte），如图 8-68 所示，效果如图 8-69 所示。

图 8-68

图 8-69

（23）制作气浪随着爆炸渐渐变大并消失的过程。选中"气浪"图层对它的大小"S"和透明度"T"记录关键帧，如图 8-70 所示。

图 8-70

（24）打开"死星爆炸"图层和"气浪"图层的运动模式，如图 8-71 所示。

图 8-71

【小提示】

图层的快捷键"T"为图层的透明度，"P"键为图层的位移，"R"键为图层的旋转，"S"键为图层的缩放。

注意灵活应用快捷键记录图层关键帧。

3. 地球变成死星的过程

（1）在项目窗口中找到"穿越地球"合成，双击鼠标左键打开它，如图 8-72 所示。

（2）单独显示地球图层"earthStill.png"，添加"Effect>Color Correction>Levels"命令，使用时间条滑块滑动到地球静止的位置（第 127 关键帧处），对属性参数记录关键帧，再次滑动时间条到 138 帧处调

图 8-72

整属性参数，如图 8-73 所示，效果如图 8-74 所示。

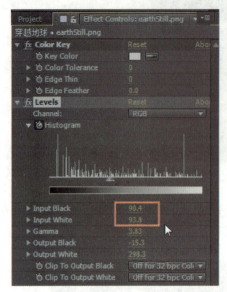

图 8-73　　　　　　　　　　　　　图 8-74

（3）对地球图层"earthStill.png"的透明度记录关键帧（第 138 帧"T"为"100%"，第 162 帧处为"0%"），如图 8-75 所示。

图 8-75

（4）在项目窗口中找到"死星爆炸合成"并拖拽到新合成窗口中，按"Ctrl + K"快捷键打开合成窗口属性，将合成名字更改名为"总合成层"，如图 8-76 所示。

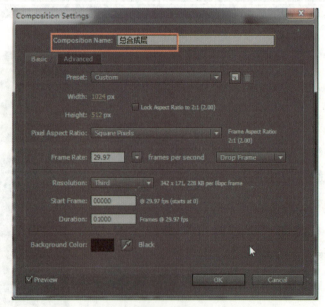

图 8-76

(5)将背景层"spaceBG.jpg"拖拽到"总合成层"中,并放置在最低层作为背景图片,在项目窗口中将"穿越地球"合成和"爆炸"合成拖拽到窗口中放置位置,如图8-77所示。

图 8-77

(6)按"Ctrl + K"快捷键打开合成窗口属性并更改时间,如图8-78所示。

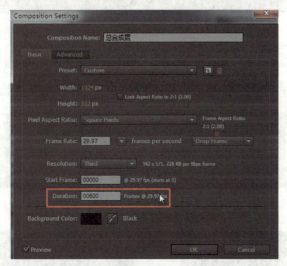

图 8-78

(7)将各个图层条移动到合适的位置,如图8-79所示。

图 8-79

(8)选中"穿越地球"图层,调整地球大小"S"为"54",与"死星爆炸"地球的大小相同。

(9)对"死星爆炸"图层的透明度记录关键帧(第150帧处为"0%",第184帧处为"100%",第185帧处为"0%"),如图8-80所示。

图 8-80

（10）再次调整各个图层的图层条位置使它们连贯。

（11）新建总调节层（Layer>New>Adjustment Layer），将图层放置在"穿越地球"图层的上面，为调节层添加模糊特效（Effect>Blur&Sharpen>CC Radial Fast Blur），参数如图 8-81 所示，并对属性"Amount"记录关键帧（第 128 帧处为"0"，第 131 帧处为"50"，第 147 帧处为"50"，第 152 帧处为"0"），如图 8-82 所示。

图 8-81

图 8-82

（12）选中背景层"spaceBG.jpg"，添加"调色"（Effect/Color Correction>Hue> Saturation）命令，并对它的属性记录关键帧，如图 8-83 所示，最终效果如图 8-84 所示。

图 8-83

图 8-84

8.5 要点提示

（1）使用单独显示图层按钮方便对图层的操作；

（2）"父子链接"图层经常使用，理解"子"随"父"动；

（3）调色命令可单独对红绿蓝通道进行调色；

（4）使用总调节层可对它下面的图层添加同一个效果；

（5）After Effects 中命令属性前面带有码表的都可对属性记录关键帧。

项目九

霓虹灯光效闪烁

9.1 项目名称

本项目的原始效果如图 9-1 所示，最终效果如图 9-2 所示。

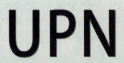

图 9-1

图 9-2

9.2 项目要求

（1）修改文本形体的制作方法。
（2）用光点代替原始图形。
（3）制作霓虹灯光效过光效果。

9.3 项目分析

（1）Mask 遮罩工具对合成模式的合理应用。
（2）应用从文本中创建 Mask 命令更改文字形态。
（3）应用球场特效命令。
（4）对图层进行打组为预合成层。
（5）运用轨道蒙版。
（6）应用调节层方便调节所有图层的同一个效果。
（7）应用动画拼贴命令。
（8）理解 Mask 合成模式及制作素材过光效果。

9.4 项目实施

操作视频

（1）创建新的合成文件夹，执行菜单命令"Composition>New Composition"，并命名为"输出"，如图 9-3 所示。

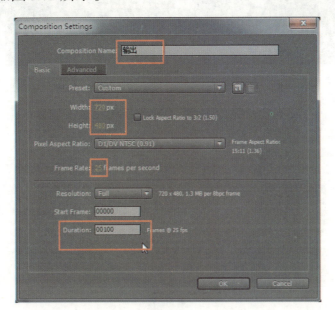

图 9-3

（2）新建红色固态层（Layer>New>Solid），并命名为"红色"，如图 9-4 所示，效果如图 9-5 所示。

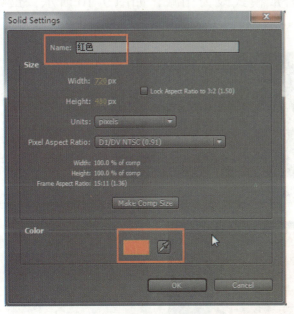

图 9-4

图 9-5

（3）选中红色固态层，在工具面板中使用 Mask 工具里的椭圆工具画出正圆图形（在单击左键的同时按"Shift"键可画出正圆），如图 9-6 所示，效果如图 9-7 所示。

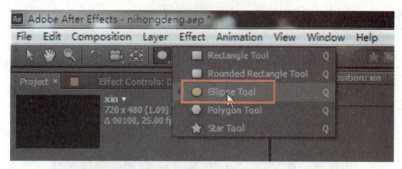

图 9-6

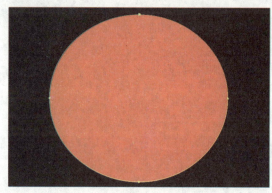

图 9-7

（4）选中红色图层，按"M"键显示出"Mask 1"，复制"Mask 1"得到"Mask 2"，如图 9-8 所示。在视图中切换选择工具，鼠标左键双击"Mask 2"正圆，按"Shift"键缩小正圆，如图 9-9 所示。将"Mask 2"的合成模式改为相减，如图 9-10 所示，最终效果如图 9-11 所示。

图 9-8

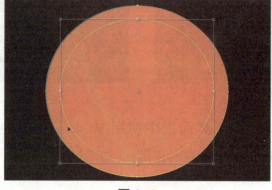

图 9-9

图 9-10

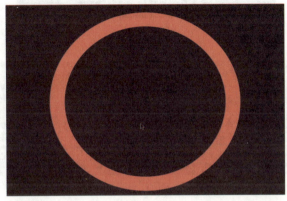

图 9-11

（5）在工具面板中使用文本工具创建文字"UPN"，在字符属性参数设置中使用吸管吸取圆环颜色，如图 9-12 所示，效果如图 9-13 所示。

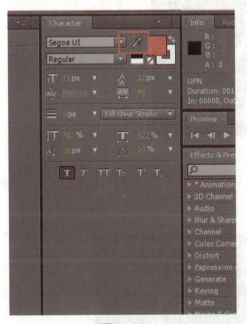

图 9-12

图 9-13

（6）选中文字图层，从文本中创建 Mask 命令（Layer>Create Masks from Text），如图 9-14 所示，得到的图层（这时候最开始创建的文字图层已经没作用了，可以删除）如图 9-15 所示。

图 9-14

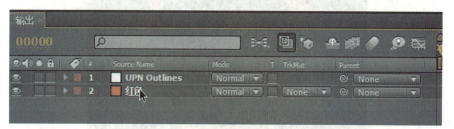

图 9-15

（7）选中 Mask 文字图层，对文字的 Mask 形态进行修改，效果如图 9-16 所示。

图 9-16

（8）选中 Mask 文字图层，按"M"键显示出 Mask，将所有的 Mask 选中并复制，如图 9-17 所示，粘贴到红色图层里，如图 9-18 所示。

图 9-17

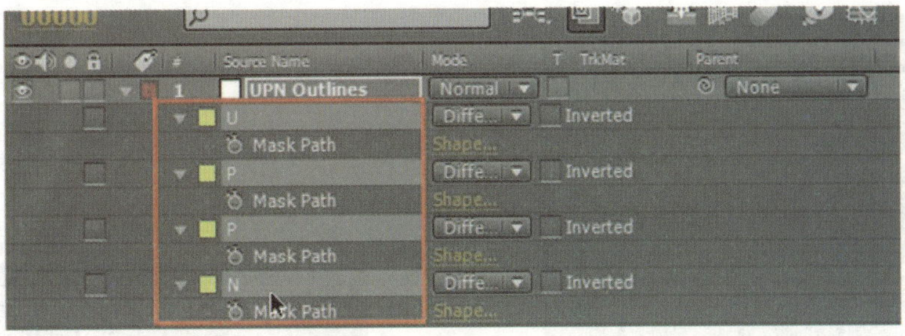

图 9-18

（9）上述 Mask 文字图层已经没有什么作用，选中图层删除，得到的效果如图 9-19 所示。

图 9-19

（10）选中红色图层，修改颜色为"白色"（Layer>Solid Layer），如图 9-20 所示，效果如图 9-21 所示。

图 9-20

图 9-21

（11）制作霓虹灯光点，新建紫色固态层（Layer>New>Solid），并命名为"光点"，如图 9-22 所示，效果如图 9-23 所示。

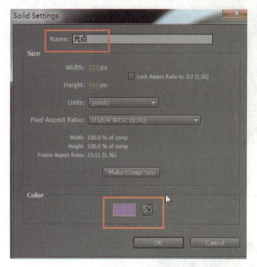

图 9-22　　　　　　　　　　　　　图 9-23

（12）为光点图层添加"球场特效"命令（Effect>Simulation>CC Ball Action），参数设置如图 9-24 所示，效果如图 9-25 所示。

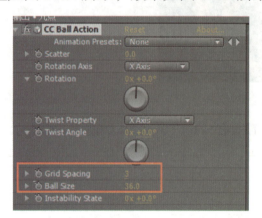
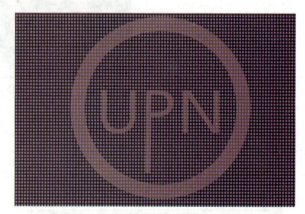

图 9-24　　　　　　　　　　　　　图 9-25

（13）将光点图层移动到红色图层的下面，添加轨道蒙版，如图 9-26 所示，效果如图 9-27 所示。

图 9-26

图 9-27

（14）选中红色图层和光点图层打组为预合成层"Layer/Pre-compose"，并命名为"紫色"，如图9-28所示。单击"OK"按钮退出命令框，创建一个预合成图层，如图9-29所示。

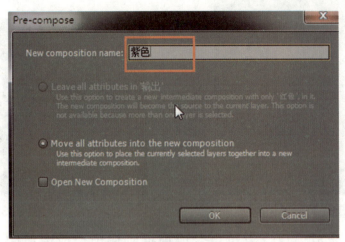

图 9-28

图 9-29

（15）在项目窗口中复制紫色合成，选中复制的"紫色2"合成，单击鼠标右键选择"Rename"并改名为"黄色"，如图9-30所示。

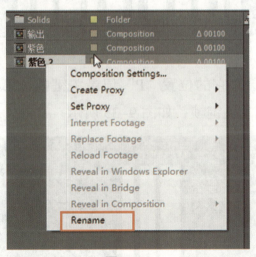

图 9-30

（16）双击鼠标左键打开"黄色"合成图层，选中光点固态层，修改颜色为"黄色"（Layer>Solid Layer），如图9-31所示，效果如图9-32所示。

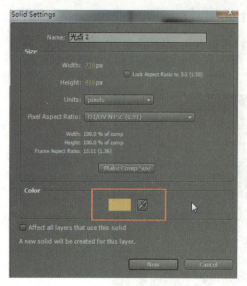
图 9-31

图 9-32

（17）返回输出合成窗口，将黄色合成拖拽到输出合成窗口中，新建白色固态层，使用矩形 Mask 工具对画面进行不均匀划分，如图 9-33 所示。

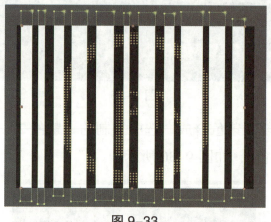
图 9-33

（18）选中白色固态层对它的位置"P"记录关键帧，第 0 帧处记录关键帧，如图 9-34 所示，第 100 帧处记录关键帧，如图 9-35 所示。

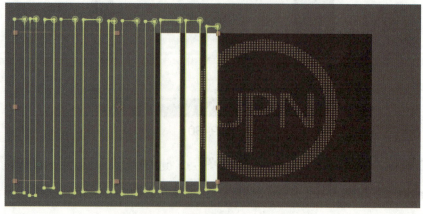
图 9-34

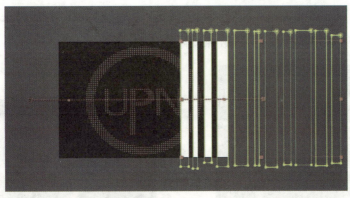

图 9-35

（19）对"黄色"图层更改轨道蒙版为"Alpha Matte 'White Solid 1'"，如图 9-36 所示，效果如图 9-37 所示。

图 9-36

图 9-37

（20）新建调节层（Layer>New>Adjustment Layer），添加辉光特效命令（Effect>Stylize>Glow），参数如图 9-38 所示，效果如图 9-39 所示。

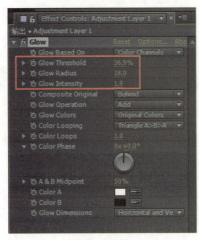

图 9-38

图 9-39

（21）最后为白色固态层添加动画拼贴命令，使霓虹灯循环播放（Effect>Stylize>Motion Tile），如图 9-40 所示，最终效果如图 9-41 所示。

图 9-40

图 9-41

9.5 要点提示

（1）通过轨道蒙版制作带有光点效果的圆环；

（2）应用球场特效可对球体大小进行调节；

（3）利用快捷键"M"可快速调出 Mask；

（4）在需要调节的图层上使用调节层；

（5）单独显示图层开关时，方便对图层属性进行调节；

（6）在应用动画拼贴命令时观察拼贴的方向是纵向还是横向。

项目十

时间静止——时间映射效果

10.1 项目名称

本项目的原始效果如图 10-1 所示，最终效果如图 10-2 所示。

图 10-1

图 10-2

10.2 项目要求

（1）人物停顿效果的制作。

（2）时间映射的应用。

（3）案例中使用 After Effects 时间线窗口中图层属性。

（4）Mask 制作应用。

10.3 项目分析

（1）使用时间重映像命令制作停顿效果。

（2）应用 Mask 遮罩工具。

（3）应用"Freeze Frame"（定帧）。

（4）熟练掌握快捷键。

10.4 项目实施

1. 导入素材／建立合成

（1）执行菜单命令"File>Import"将"sam freeze 3.mov"文件导入，如图10-3所示。

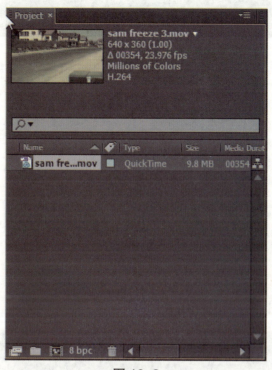

图 10-3

（2）直接拖拽"sam freeze 3.mov"素材到合成窗口，如图10-4所示，效果如图10-5所示。

图 10-4

图 10-5

（3）把"sam freeze 3.mov"改名字为"跌倒"，如图10-6所示，效果如图10-7所示。

图10-6

图10-7

2. 人物停顿效果的制作

（1）复制"跌倒"图层，如图10-8所示。

图10-8

（2）把"跌倒2"图层改名字为"定帧"，如图10-9所示，效果如图10-10所示。

图10-9

图10-10

（3）选中"定帧"图层，滑动时间条到第 92 帧，如图 10-11 所示，视图窗口如图 10-12 所示。

图 10-11

图 10-12

（4）选中"定帧"图层，按快捷键"Alt +【"，如图 10-13 所示，效果如图 10-14 所示。

图 10-13

图 10-14

（5）选中"定帧"图层，添加定帧（Layer>Time>Freeze Frame），如图 10-15 所示，效果如图 10-16 所示。

图 10-15

图 10-16

（6）选中"定帧"图层，用 Mask 把人物和箱子画出来，如图 10-17 所示，效果如图 10-18 所示。

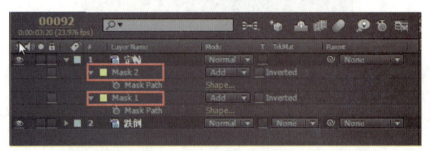

图 10-17

图 10-18

（7）复制"跌倒"图层，如图 10-19 所示，效果如图 10-20 所示。

图 10-19

图 10-20

(8)把"跌倒 2"图层改名字为"看",如图 10-21 所示,效果如图 10-22 所示。

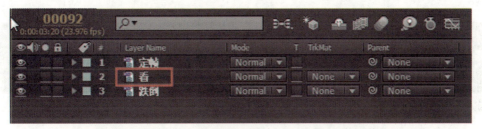

图 10-21

图 10-22

(9)选中"看"图层,滑动时间线到第 180 帧,按快捷键"Alt+【",如图 10-23 所示,效果如图 10-24 所示。

图 10-23

图 10-24

（10）把"看"图层第 180 帧移动到时间线第 92 帧，如图 10-25 所示，效果如图 10-26 所示。

图 10-25

图 10-26

（11）选中"定帧"图层，滑动时间线到第 216 帧，按快捷键"Alt+]"，如图 10-27 所示，效果如图 10-28 所示。

图 10-27

图 10-28

（12）选中"跌倒"图层，添加时间映射（Layer>Time>Enable Time Remapping），如图 10-29 所示，效果如图 10-30 所示。

图 10-29

图 10-30

（13）滑动"时间线"到第 92 帧，记录"时间映射"关键帧，如图 10-31 所示，效果如图 10-32 所示。

图 10-31

图 10-32

（14）选中"跌倒"图层，复制第 92 帧时间映射关键帧，按快捷键"Ctrl+C"，如图 10-33 所示，效果如图 10-34 所示。

图 10-33

图 10-34

（15）选中"跌倒"图层，滑动时间线到第 92 帧，复制关键帧。滑动时间线到第 216 帧，粘贴时间映射的第 92 帧的关键帧，如图 10-35 所示，效果如图 10-36 所示。

图 10-35

图 10-36

（16）选中"看"图层，滑动时间线到第 217 帧，画 Mask 并记录关键帧，如图 10-37 所示，效果如图 10-38 所示。

图 10-37

图 10-38

（17）滑动时间线到第216帧，调出"看"图层Mask，如图10-39所示，效果如图10-40所示。

图10-39

图10-40

（18）调出"看"图层Mask并记录关键帧，如图10-41所示，效果如图10-42所示。

图10-41

图10-42

（19）滑动时间线到第248帧，按快捷键"N"，如图10-43所示，效果如图10-44所示。

图10-43

图 10-44

(20)滑动时间线到第 248 帧,然后移动鼠标,把鼠标放到时间线上,如图 10-45 所示,效果如图 10-46 所示。

图 10-45

图 10-46

(21)把鼠标放到时间线上。单击鼠标右键选择"Trim Comp to Work Area",如图 10-47 所示,效果如图 10-48 所示,视图窗口如图 10-49 所示。

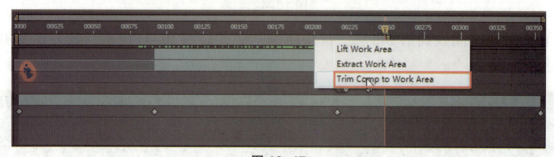

图 10-47

图 10-48

图 10-49

（22）单击"File>Save"命令，或按快捷键"Ctrl + S"，如图 10-50 所示。最终效果如图 10-51 所示。

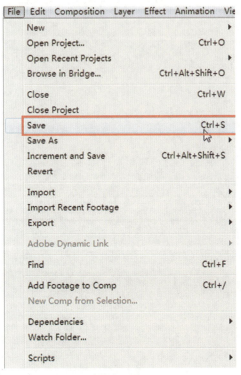

图 10-50

图 10-51

10.5 要点提示

(1)通过轨道蒙版制作带有光点效果的圆环。

(2)应用球场特效是对球体大小的把握。

(3)利用快捷键"M"快速调出 mask。

(4)对调节层的使用放置在需要调节的图层上面。

(5)单独显示图层开关方便对图层属性的调节。

(6)应用动画拼贴命令观察拼贴的动画是纵向还是横向。

项目十一

翻书效果

11.1 项目名称

本项目的原始效果如图 11-1 所示，最终效果如图 11-2 所示。

图 11-1

图 11-2

11.2 项目要求

（1）镂空字体的制作。

（2）书本翻页效果的制作。

（3）摄像机的使用。

11.3 项目分析

（1）按快捷键"Ctrl + K"快速调出合成属性。

（2）"Bevel and Emboss"（倒角）命令的应用。

（3）轨道蒙版的使用。

（4）摄像机应用的图层为 3D 图层。

（5）快捷键分裂图层的使用。

（6）Mask 图形遮罩的使用。

（7）"CC page Turn"（翻页）命令的运用。

（8）摄像机的使用。

（9）替换图层技巧的使用。

11.4 项目实施

操作视频

（1）执行菜单命令"File>Import"，将"1.png""oblozhk...png"文件导入。

（2）选中"oblozhk...png"素材拖拽到新建合成窗口中，按"Ctrl + K"快捷键打开合成窗口，设置名字为"书皮"，如图 11-3 所示，效果如图 11-4 所示。

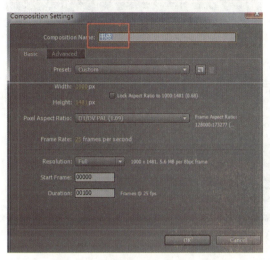

图 11-3

图 11-4

（3）在书皮图层上添加文字"Book Title"，为文字层添加"倒角"（Layer>Layer Styles>Bevel and Emboss）命令，并更改倒角属性方向为"Up"，如图 11-5 所示，效果如图 11-6 所示。

图 11-5

图 11-6

（4）复制文字图层，在字符属性中对文字添加勾边效果，并更改颜色为棕色，如图 11-7 所示，效果如图 11-8 所示。

图 11-7

图 11-8

（5）将复制的图层放置在原文字图层的下面，并更改轨道蒙版为"Alpha Inverted Matte"，如图 11-9 所示，效果如图 11-10 所示。

图 11-9

图 11-10

（6）在项目合成窗口中找到"书皮"合成，并拖拽到一个新的合成中，如图 11-11 所示，效果如图 11-12 所示。

图 11-11

图 11-12

（7）按"Ctrl + K"快捷键更改合成大小参数设置，如图 11-13 所示，效果如图 11-14 所示。

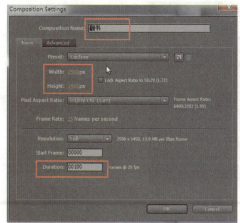

图 11-13

图 11-14

（8）选中"书皮"图层，按键盘上的"S"键缩小尺寸，如图 11-15 所示。

图 11-15

（9）选中"书皮"图层，将它的 3D 图层打开，如图 11-16 所示。

图 11-16

（10）调整"书皮"图层的中心点位置，在工具栏中找到中心点并移动，如图 11-17 所示，移动中心点到书的左侧，如图 11-18 所示。

图 11-17

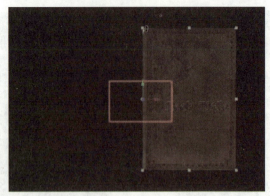

图 11-18

（11）选中"书皮"图层，按"R"键显示旋转属性，并对它记录关键帧（第 0 帧处 Y 轴为 0°，第 12 帧处为 93°，第 20 帧处为 180°），如图 11-19 所示，书在第 20 帧处的效果如图 11-20 所示。

图 11-19

图 11-20

（12）在项目窗口中拖拽"oblozhk...png"素材到"书皮"图层的下面，如图 11-21 所示，在第 20 帧处调整大小、位置，如图 11-22 所示。

图 11-21

图 11-22

（13）将书皮翻过来，去掉背面的文字。选中"书皮"图层将时间线滑动到中间位置（第12帧处），如图11-23所示，并按快捷键"Ctrl + Shift + D"剪切，得到两个图层，如图11-24所示。

图 11-23

图 11-24

（14）在项目窗口中拖拽原素材到剪切的"书皮"图层上进行替换，如图11-25所示，效果如图11-26所示。

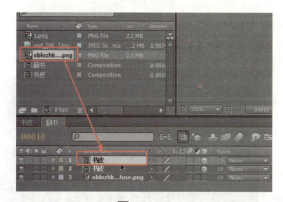

图 11-25

图 11-26

（15）在项目窗口中将"1.png"素材拖拽到新合成中，对它进行编辑，按快捷键"Ctrl + K"，并命名为"书页1"，如图11-27所示，效果如图11-28所示。

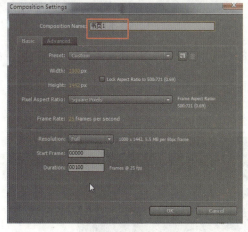

图 11-27

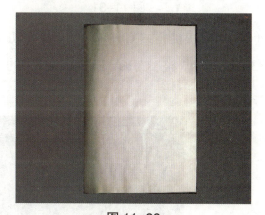

图 11-28

（16）制作书页上面的边框线，新建固态层"edge"，如图11-29所示，效果如图11-30所示。

图 11-29　　　　　　　　　　　图 11-30

（17）对"edge"图层添加 Mask 图形，如图 11-31 所示，得到的效果如图 11-32 所示。

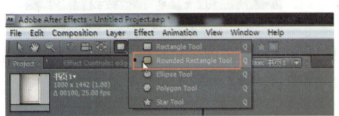
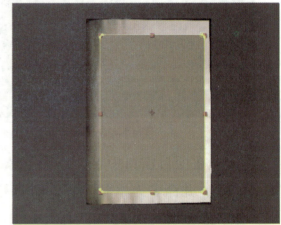

图 11-31　　　　　　　　　　　图 11-32

（18）按快捷键"Ctrl + D"，由"Mask1"得到"Mask2"，并更改模式为相减，如图 11-33 所示。调整"Mask Expansion"的参数，如图 11-34 所示，最终效果如图 11-35 所示。

图 11-33

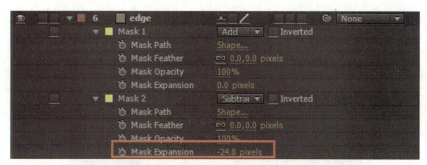

图 11-34

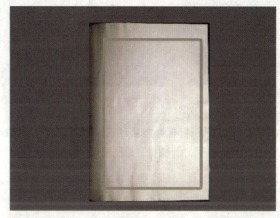

图 11-35

（19）复制"edge"图层，调整大小，"Mask 2"的"Mask Expansion"设置如图 11-36 所示，效果如图 11-37 所示。

图 11-36

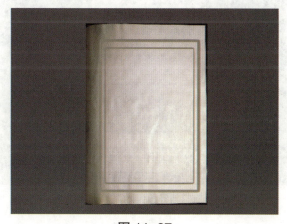

图 11-37

（20）鼠标左键双击项目窗口空白处，导入想要加入的图片素材，以"卑鄙的我"素材图片为例，将图片拖拽到书页合成中，调整大小"S"及位置的摆放，适当添加文字进行说明，如图 11-38 所示。对素材添加 Mask 图形并调整边缘虚化度，如图 11-39 所示，最终效果如图 11-40 所示。

图 11-38

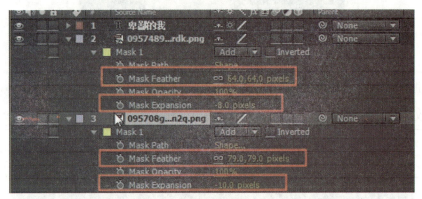

图 11-39

图 11-40

（21）在项目窗口中将"书页1"合成拖拽到"翻书"合成中，将其放在"书皮"图层的下面，调整大小及位置，如图 11-41 所示。

图 11-41

(22) 制作书页翻动效果。将"书页 1"图层的中心点使用移动中心点工具移动到左侧,打开 3D 图层,对旋转 Y 轴记录关键帧(第 0 帧处为"0°",第 12 帧处为"87°",第 20 帧处为"179°"),如图 11-42 所示。

图 11-42

(23) 选中"书页 1"图层,添加翻页效果(Effect>Distort>CC Page Turn),并通过调整点记录属性"Fold Position"的关键帧,如图 11-43 所示。在第 16 帧处翻页,效果如图 11-44 所示。

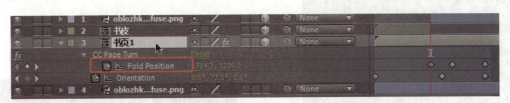

图 11-43

图 11-44

（24）对书页翻过去背面图片素材进行更改。选中"书页1"将时间线移动到书翻过去的交界处，按快捷键"Ctrl + Shift + D"分裂图层，得到两个图层。

（25）在项目窗口中，对"书页1"合成文件按快捷键"Ctrl + D"进行复制，得到"书页2"合成，双击鼠标左键打开"书页2"合成进行编辑，在项目窗口找到要替换的素材，选中要替换的图层，在按"Alt"键的同时拖拽项目窗口的图片到替换的图片图层上，如图11-45所示，效果如图11-46所示。

图 11-45

图 11-46

（26）在项目窗口中选中"书页2"，对"翻书"合成文件中的"书页1"进行替换，如图11-47所示，得到的效果如图11-48所示。

图 11-47

图 11-48

（27）在项目窗口中复制"书页1"，再次进行复制得到"书页3"，双击鼠标左键打开"书页3"合成进行编辑并替换图片，如图11-49所示。

（28）在项目窗口中将"书页3"拖拽到翻书合成窗口，并将其放置到"书页1"的下面，调整"书页3"的大小及位置，如图11-50所示。

图 11-49

图 11-50

（29）打开"书页3"图层的3D图层按钮，并使用中心点移动工具移动中心点到书的左侧，对"书页3"的旋转Y轴记录关键帧（第20帧处为"0°"，第25帧处为"87°"，第30帧处为"178°"），如图11-51所示。

图 11-51

（30）对"书页3"添加翻页效果，选中"书页3"添加"Effect>Distort>CC Page Turn"命令，并通过调整点记录属性"Fold Position"的关键帧，如图11-52所示，在第29帧处的翻页效果如图11-53所示。

图 11-52

图 11-53

（31）对"书页3"进行图层分裂，将时间线滑动到25帧书页翻页的交界处，按快捷键"Ctrl + Shift + D"分裂图层。

（32）对"书页3"的背面进行替换，在项目窗口中复制"书页1"得到"书页4"，双击鼠标左键打开"书页4"并进行编辑和替换图片素材。

（33）在合成项目窗口中，在选中"书页4"的同时按"Alt"键替换"书页3"，如图11-54所示，在第29帧处的效果图如图11-55所示。

图11-54

图11-55

（34）在项目窗口中复制"书页1"得到"书页5"，双击鼠标左键打开并进行编辑和替换图片素材，如图11-56所示。

图11-56

（35）在项目合成窗口中将"书页 5"拖拽到翻书合成中，并将它放置到"书页 3"的下面，调整"书页 5"的"S"大小和位置，如图 11-57 所示。

图 11-57

（36）背景的制作。新建固态层"BG"，如图 11-58 所示，使用 Mask 工具画出椭圆并调整羽化值，如图 11-59 所示。

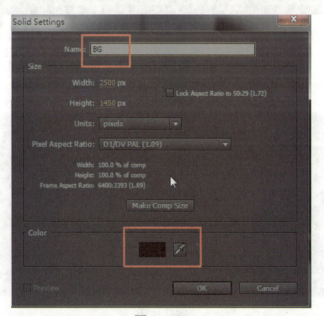

图 11-58

图 11-59

（37）选中除"BG"层的其他所有图层，打组为欲合成层（Layer>Pre-compose），如图 11-60 所示。

图 11-60

（38）新建摄像机，打开欲合成层的 3D 显示，打开摄像机的三角按钮，对 "Transform" 下的属性位移和缩放记录关键帧，如图 11-61 所示。

图 11-61

（39）最后鼠标左键双击 "书" 合成，打开图层的运动模糊开关，如图 11-62 所示，最终效果如图 11-63 所示。

图 11-62

图 11-63

11.5　要点提示

（1）在 After Effects 中不能对素材进行过度的拉伸和缩短，这样会影响素材的质量；

（2）调整某一图层时打开"独显"按钮方便调节，调节过后切记把"独显"按钮关闭；

（3）利用快捷键"Ctrl + K"快速调出合成属性；

（4）使用摄像机图层必须为 3D 图层；

（5）按"Alt"键替换图层素材时，等替换好再松开"Alt"键；

（6）在 After Effects 中除使用预置的矩形和椭圆形等遮罩工具外，还可以利用钢笔工具；

（7）打开"运动模糊"开关后一定要把"总运动模糊"开关打开。